입시
SEOUL NATIONAL UNIVERSITY
읽어주는 엄마

서울대 엄마가 알려주는
가장 똑똑한 명문대 합격 공식

입시

SEOUL NATIONAL UNIVERSITY

읽어주는 엄마

이춘희 지음

체인지업
CHANGEUP

'내 아이 대학 잘 보내고 싶은 엄마의 마음'으로

아이를 키우면서 가장 힘든 고비가 아이를 대학에 보내는 것입니다. 단 한번 뿐일 고등학교 시기를 잘 보내고 원하는 대학에 합격하기까지 아이는 엄청난 역경과 감정의 소용돌이를 경험합니다. 이 과정은 아이가 성숙한 성인이 되기 위한 통과의례이기도 하죠.

시험문제 하나로 등급이 갈리고 대학이 바뀌는 이 상황에서 엄마나 아이나 예민해지지 않을 수 없습니다. 장안의 화제였던 드라마 〈스카이캐슬〉은 이러한 현실을 과장한 면이 있지만 우리나라 입시 풍토의 단면을 보여주었다는 생각도 듭니다. 드라마 속 입시 현장이 지옥처럼 묘사되었듯이 입시를 위해 보낸 시간은 정말이지 다시는 돌아가고 싶지 않은 시간입니다. 고등학교 3년 하루도 편한 날 없이 매일 힘들고 버겁기 때문입니다. 입시라는 터널을 지나다 보면 아이가 공부를 잘하면 잘하는 대로 못하면 못하는 대로 힘이 듭니다. 그런 아이를 바라보는 엄마의 마음도 아이와 똑같지요. 아니 더 힘들기도 합니다. 이토록 힘겨운 입시라는 과정을 거치면서 '엄마는 무엇을 하고 무엇을 하지 말아야 할까?' 이 책은 이러한 물음에서 시작했습니다.

대학 입시는 엄마의 정보력 싸움이라고 말합니다. 정말 그럴까요? 맞기도 하고 틀리기도 합니다. 엄마가 입시 정보를 많이 알아서 나쁠 것은 없지만 정보가 많다고 아이가 대학을 잘 가는 것은 아닙니다. 아이의 상황과 상관없이 입시 정보만 찾아다니는 엄마들이 아이를 망치는 경우도 많거든요. 엄마의 과도한 입시 정보 사냥은 아이에게 부담이 되는 경우가 훨씬 많습니다. 엄마가 가진 정보의 양만큼 기대하게 되고 그런 엄마를 보며 아이는 부담을 느끼기 때문이죠. 때로는 알아도 모른 척해야 하는 순간도 있습니다. 아이의 발걸음보다 한 발자국만 뒤에서 걷는 것이 현명한 엄마라고 생각합니다.

입시라는 레이스를 달리기 전 출발선에 선 엄마들의 눈빛은 한결같이 걱정과 두려움, 그리고 희망이 교차합니다. 불안함을 해소하기 위해 설명회를 찾아다니기도 하죠. 학원 설명회에 다녀온 엄마는 여지없이 가슴이 두근거리고 조급증이 생깁니다. 설명회는 최상위권을 목표로 하는 공부 내용을 다루기 때문입니다. 조급증이 생긴 엄마는 아이를 앉혀놓고 설명회에서 들었던 내용을 풀어냅니다. 우리 아이는 이미 너무 늦었거나 느긋해 보이니까요. 엄마의 조급한 마음을 아이가 모를 리 없습니다. 마음을 다잡고 공부해야겠다는 생각에 앞서 짜증이 밀려옵니다. 학원 설명회의 목적은 공포감을 조성해서 아이의 문제를 우리 학원이 해결해 줄 수 있다는 희망을 주는 구조로 짜여 있다는 것을 잊지 말아야 합니다.

'아이와 엄마가 가장 사이좋을 때는 고1 4월까지다'라는 말이 있습니다. 중3 때까지 아이들은 공부 의욕이 강합니다. 엄마도 학원비를 많이 지출하죠. 하지만 고1 중간고사가 4월 말에 치러지고 그 결과가 나오는 5월이 되면 대부분의 아이들은 엄혹한 입시 현실과 마주하게 됩니다. 고등학교 진학 후에 성적이 거의 오르지 않는 현실을 감안하면 앞으로의 3년은 고난의 시간이죠.

저는 20년간 입시 현장을 취재하며 기사를 썼고, 수많은 고등학생들의 입시 과정을 옆에서 지켜보기도 했습니다. 수백 번이 넘는 학부모 초청 강의를 진행하며 엄마들의 고민을 직접 들었습니다. 20년 넘게 제가 보아온 입시 현장은 매년 위와 같은 패턴으로 반복됩니다. 그 핵심에 엄마가 있습니다. 자녀의 입시, 누구는 이미 가봤던 길이기도 하고 누구는 처음 가보는 길이기도 합니다. 처음 가는 여행지가 설렘과 긴장이 교차하듯이 입시도 마찬가지입니다.

다만 입시가 여행과 다른 것은 서바이벌 극기 훈련 캠프라는 점입니다. 그래서 이 극기 훈련 캠프를 먼저 다녀온 선배 엄마로서 후배 엄마들이 겪지 않았으면 하는 얘기를 들려드리고자 합니다. 우리 아이 입시에 시행착오는 없어야 하니까요.

우리나라 모든 입시 정보는 학부모에게 공개되어 있습니다. 교육당국에서 운영하는 교육사이트, 유튜브나 블로그, 도서 등 입시 정보는 언제 어디서든지 구해 볼 수 있습니다. 엄마의 정보력이 아이의 대학을 결정한다는 것은 이제 옛말입니다. 누구나 원하는 정보를 핸드폰 하나로 취할 수 있는 세상이니까요. 엄마가 정보를 몰라서 아이가 대학에 못 간다는 건, 그러니까 틀린 말입니다.

전부 공개되어 있는 입시 정보 중에 꼭 알아야 할 정보를 중심으로 쉽게 전달하려고 노력했습니다. 우리 아이가 입시 과정을 잘 건너오기를 바라는 엄마의 그 간절함을 너무도 잘 알기에 '내 아이 대학 잘 보내고 싶은 엄마의 마음'으로 이 책을 썼습니다. 입시 레이스를 성공적으로 완주하기 위해서 어떤 엄마가 되어야 하는지가 이 책에서 전하고 싶은 진짜 이야기입니다. 아이의 입시를 앞둔 엄마에게 누군가는 꼭 해주어야 할 이야기라고 생각하기 때문입니다.

아이를 먼저 대학에 보낸 선배로서 제가 보고 듣고 겪었던 모든 것을 나누고자 합니다. 이 책이 입시라는 고단한 레이스를 앞두고 있는 엄마들에게, 입시라는 힘겨운 레이스를 아이와 함께 달리고 있는 엄마들에게 작은 힘이 되기를 바랍니다.

차례

프롤로그

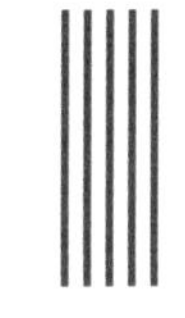

1장
아이의 입시를 앞둔 엄마에게

2장
입시 정보, 이만큼은 꼭 알자

3장
중학교 공부가 대학을 결정한다

4장
예비 고1 엄마의 고등학교 따라잡기

5장
고등학교 진학 전
반드시 체크해야 할 학업 역량

6장
고1 학습 로드맵과 입시 대비 전략

7장
고2, 학종이냐 논술이냐 수능이냐

8장
입시의 마지막 1년 고3

9장
엄마가 꼭 알아야 할 입시 사이트

부록

1장

SEOUL
NATIONAL
UNIVERSITY

아이의 입시를 앞둔 엄마에게

우리 아이는 공부는 못해도 성격은 좋아요

대한민국에서 학부모로 살아가는 일은 너무나 힘듭니다. 아이가 대학 진학을 마치는 순간 엄마는 인생에서 가장 큰 짐을 내려놓게 되는 것이 현실이죠. 예전에는 고3을 수험생이라 했지만 지금은 중3부터 고3까지 거의 4년을 수험생으로 지내야 합니다. 아이가 입시를 치르는 이 시기는 엄마나 아이의 인생에서 가장 중요하고 평생 가져가는 기억으로 남습니다. 어쩌면 이때 만들어진 부모와 자식 간의 관계로 평생을 살 수도 있습니다.

사실 초등학교만 들어가도 경쟁은 시작됩니다. 초중고 12년이라는 길고 긴 공부의 여정을 지나 고등학교 3학년이 되고 대학 입시를 치르고 나면 많은 엄마들은 허탈한 마음이 듭니다. 공부하는 과정에서 작고 사소한 것에도 마음 졸이며 다른 아이와 비교하면서 아이에게 스트레스를 준 건 아닐까 후회와 자책이 들기도 합니다. 대학생 자녀를 둔 학부모님은 공감할 것입니다. 아이가 다시 초등학교로 돌아간다면 성적에 연연하며 조바심을 내지 않을 것이라고 말이죠.

엄마들은 왜 이렇게 아이만 보면 조바심이 날까요? 초등학교 때부터 대학 입시를 생각해야 하는 분위기, 우리 아이가 대학에 잘 갈 수 있을까 하는 두려움이 깊이 자리 잡고 있기 때문이겠죠. 아이의 대학 입시 실패는 곧 엄마의 실패로 여겨지는 분위기도 무시할 수 없습니다.

아이들의 재능은 다양하고, 똑똑한 아이들도 정말 많습니다. 그렇지만 고등학교에서 성적으로 줄 세우면 내 아이의 장점은 보이지 않습니다. 현실적으로 보면 1등급에 해당되는 학생은 4%, 2등급은 11%입니다. 그 아이들이 이른바 인서울 상위권 대학에 합격이 가능한 성적을 가진 그룹입니다. 그러니까 90%에 가까운 아이들이 입시에서 소외되는 것이 현실입니다. 상황이 이렇다보니 성적을 가운데 두고 엄마와 아이의 관계가 설정되는 경우가 많습니다. 초등학교 때는 누구나 서울대를 갈 수 있다는 생각을 하고, 무엇이든 할 수 있을 것 같은 희망을 갖습니다. 더구나 초등학교에서는 성적이나 등급을 표기하지 않기 때문에 객관적으로 아이의 성적을 확인하기 힘듭니다. 그런 상태에서 중학교에 올라가서 성적과 등급이 표기된 성적표를 받으면, 이때부터 엄마와 아이의 관계는 경직되기 시작합니다.

"우리 아이는 공부는 못해도 성격은 좋아요."

"아이가 노래는 잘하는데 성적은 엉망이야."

"너는 다 잘하니까 이제 공부만 잘하면 돼."

엄마들이 아이를 두고 흔하게 하는 말입니다. 아이의 장점을 칭찬할 때도 빠지지 않는 것이 공부입니다. 습관처럼 하는 말이지만 그 속에는 '아이가 공부를 못해서 화가 난다'는 마음이 깔려 있습니다. 엄마의 이런 숨겨진 마음을 아이가 모를 리 없고, 그러니 아이 입장에서는 모든 것을 성적 기준으로 얘기하는 엄마가 싫어집니다. 사춘기가 시작되면서 엄마와 아이와의 관계는 조금씩 삐걱대기 시작합니다.

사춘기는 성적의 기반을 다지는 초등학교 고학년부터 중학교 2학년쯤 절정에 달합니다. 엄마는 아이를 정서적으로 다루기 힘겹고 공부를 하게 만드는 것도 어렵습니다. 아직 중학생이니까 열심히 하면 성적을 올릴 수 있다고 희미한 희망을 걸지만 마음은 조금씩 조급해지기 시작합니다. A등급 성적이 아니면 아이가 공부를 잘한다고 생각하지 않습니다. 전 과목 A를 받아도 불안하기는 마찬가지입니다. 절대평가 방식인 중학교 성적을 믿을 수 없기 때문입니다. 성적표에 B가 하나만 있어도 걱정을 태산같이 하는 엄마들도 많습니다. 엄마의 이런 마음은 당연히 아이가 고스란히 느낍니다. 자신에 대한 엄마의 시선과 마음에 신경이 쓰이다 보니 아이는 시험을 보는 매 순간 숨이 막히고 손에 땀이 흐를 정도로 긴장합니다. 학업 스트레스가 가중되는 것이죠.

그나마 중학교 때는 절대평가지만 상대평가인 고등학교부터 학교 내신은 그야말로 전쟁입니다. 원점수 1~2점으로 등급이 갈리는 피 말리는 상황을 3년 동안 견뎌내야 합니다. 그마저도 대학 입시에서 내신을 활용하려면 인서울 대학 기준 최소 3등급 안에는 들어야 합니다. 고등학교 1학년을 지나고 나면 내신으로 합격 가능한 대학이 어느 정도 결정됩니다. 특별한 경우를 제외하고 고등학교에서 성적이 드라마틱하게 오르는 것은 현실적으로 어렵기 때문입니다. 일반고를 기준으로, 한 학교에서 20% 정도의 내신만 입시에서 의미가 있기 때문에 학교마다 80% 이상의 아이들은 성적의 질풍노도를 경험합니다. 그리고 엄마는 아이의 이런 험난한 과정을 함께 겪습니다.

한 문제에 웃고 울며 시험 결과가 나올 때마다 마음에 폭풍이 몰아칩니다. 엄마는 힘겨운 나날을 보내는 아이를 보며 어떻게 해야 할지, 무엇을 해줄 수 있을지, 얼마나 인내하고 기다려주어야 할지 갈피를 잡기 힘든 시간들을 보내게 됩니다. 전교 1등을 하는 아이의 엄마도 입시를 앞두고 마음이 편치 않기는 마찬가지입니다.

아이가 귀하고 안쓰러운 만큼 엄마는 의연해야 합니다. "괜찮아. 다음에 잘하면 되잖아"를 주문처럼 입에 달고 살아야 합니다. 아이는 엄마가 괜찮다고 하면 정말 괜찮아집니다. 그렇게 아이는 또 힘을 내서 전진할 수 있습니다.

고3 엄마의 눈으로 입시를 내려다보자

교육 전문 기자로 일하면서 수많은 엄마와 아이들을 만나 느낀 것이 있습니다. 그들 대부분이 고3이 되어서야 입시의 현실을 알게 된다는 점입니다. 현타가 세게 오는 순간이죠. 입시 정보를 몰라서 이런 일이 생기는 걸까요? 아닙니다. 정보는 많아도 막상 그 정보를 내 아이에게 적용하는 것이 어렵기 때문이죠. 수시 원서를 쓰는 고3 때 이런 상황을 겪으면서 많은 엄마들은 "입시를 진작에 알았으면 이렇게 헛힘을 쓰지 않았을 텐데…"라며 안타까워합니다. 둘째 아이나 셋째 아이의 입시를 치르는 엄마들이 입시에 조급해 하지 않는 것도 같은 맥락입니다. 아이의 입시를 한번 겪어본 엄마들은 입시에서 정말 중요한 것이 무엇인지 잘 압니다. 그러니 아무리 처음 겪는 입시라도 대학 보낸 엄마의 마음으로 임해야 합니다. 고등학교 3학년 혹은 대학교 1학년 엄마의 눈으로 초등학생이나 중학생 아이를 볼 수 있다면 지금 무엇이 중요하고 중요하지 않은지 정확하게 보입니다.

학부모 대상 강의에서 제가 자주 강조하는 말 중에 하나는 '입시는 밑에서 올려다보지 말고 위에서 내려다보라'는 것입니다. 내 아이의 미래가 걸려 있는 만큼 입시는 엄마들에게 엄청난 무게로 다가올 수밖에 없습니다. 그 무게에 짓눌리다 보면 매 순간이 불안하고 공포스럽습니다. 입시를 위에서 내려다보는 눈을 가지면 초중고 과정에서 아이가 하는 수많은 도전에 대해 결과보다 준비 과정에서 아이가 얼마나 많은 것을 배우고 느끼는지를 더 중시하게 됩니다. 그런 엄마의 여유는 아이에게 고스란히 전달되고요.

초등학교 시기에 많이 도전하는 입시가 영재교육원입니다. 엄마라면 한번쯤은 우리 아이가 영재가 아닐까? 생각하게 되고 설레는 마음으로 도전을 해보기도 합니다. 실제 영재교육원 입시를 해보면 우수한 아이가 불합격하기도 하고, 평범한 아이가 합격하기도 합니다. 무슨 기준으로 아이를 선발하는지 의문이 들기도 합니다. 하지만 많은 엄마들이 도전하고 경험하는 데 의미를 부여하기보다는 '역시 우리 아이는 영재가 아니었어'라고 좌절하며 합격한 아이와 비교하기 시작합니다. '그 아이는 우리 아이와 뭐가 다를까?'라며 그 아이에게 내 아이를 맞추려고 합니다. 엄마의 이런 태도는 고스란히 아이에게 전달되고 아이는 엄마의 기대에 부응하지 못했다는 미안함이 마음속에 자리 잡으면서 자존감이 떨어집니다.

우리나라에서는 진학한 대학으로 그 아이를 판단하는 경향이 너무도 강합니다. 이러한 현상을 부정하려는 것이 아닙니다. 초등학교 때 영재교육원에 선발되지 못한 아이도 서울대에 가기도 하고, 영재교육원에 다녔지만 대학 입시에 실패하는 경우도 아주 많습니다. 초등학교와 중학교 때 아무리 뛰어났더라도 고등학교 때 고전하다가 원하는 대학에 못 가면 그전의 작은 성과는 무의미해 보일 수도 있습니다. 입시만 놓고 보면 시쳇말로 '대학 잘 가면 장땡'인 것이죠.

중학교에서 고등학교 진학할 때 상위권 아이들은 특목고나 자사고 진학을 고민합니다. 아이를 특목고나 자사고에 보내고 싶은 이유는 월등한 대학 진학률 때문이죠. 그 학교에 가면 우리 아이도 대학에 잘 갈 것 같으니까요. 물론 특목고 자사고는 일반고에 비해 대학 진학률이 높고 명문고 출신이라는 타이틀을 얻는 데다 우수한 아이들과 공부한다는 점 등 좋은 점이 많습니다. 특목고나 자사고 입학 기회가 주어졌는데 그 기회를 활용하지 않고 일반 학교를 결정하기엔 아쉬움이 남기 마련입니다. 아이 역시 특목고나 자사고 진학을 준비하는 친구들을 보면서 벌써 경쟁에서 뒤처지고 있다는 느낌을 받기도 합니다. 아이들에게는 특출난 학교에 진학한다는 것에 대한 로망도 존재하니까요.

하지만 입시에는 기회비용이 존재한다는 걸 명심해야 합니다. 꼭 그런 건 아니지만 내신 잘 받기가 유리하면 면학 분위기가 엉망일 수 있고, 면학 분위기가 뛰어난 학교에서는 내신을 잘 받는 것이 절대적으로 불리하기도 합니다. 입시 전형별로도 수많은 상관관계가 있지만, 결론적으로 모든 선택은 내 아이가 대학을 잘 가는 것에 맞춰져야 합니다. 일반고에서 잘 되는 아이가 있고, 특목고나 자사고에서 잘 되는 아이가 있다는 걸 알아야 하죠.

'옆집 아이를 보듯 내 아이를 보라'는 말을 많이 합니다. 쉽지 않은 일이지만 엄마는 한 발자국 떨어져서 내 아이를 보려고 부단히 노력해야 합니다. 말하지 않아도 아이는 엄마가 자신에게 바라는 것이 무엇인지 너무도 잘 알고 있습니다. 참 희한하게도, 아이들은 엄마가 너무 무관심해도 불만, 너무 관심이 많아도 불만입니다. 세상에서 가장 가까운 사이이기 때문이죠. 이 간격을 적절히 조절하는 것이 지혜로운 엄마가 되는 길입니다. 그 부담을 아이가 느끼지 않게 아이와 심리적 거리를 두면서, 입시를 따라가는 것이 아닌 입시를 지배하려는 자세를 가져야 합니다. 대학 입시를 맨 꼭대기에 놓고 아래서 올려다보면 너무 불안합니다. 모든 공부 과정에서 다 성공해야 한다는 생각에 빠지기도 하고, 한 걸음 한 걸음이 긴장되고 작은 결과들에 좌절하기도 하죠. 반대로 고3 엄마의 마음으로 입시를 위에서 아래로 내려다보면 기억이 나지 않을 만큼 초등학교 중학교 과정이 아무것도 아니라는 것을 알게 됩니다.

그동안 저는 교육 전문 기자로서 100명이 넘는 명문대 합격생을 만났습니다. 인터뷰를 할 때 꼭 하는 질문이 바로 공부 히스토리, 즉 초등학교 때부터 고등학교 때까지의 학습 방법과 경험들입니다. 어려서부터 남달랐겠거니 생각하지만 의외로 대부분의 학생들이 초등학교와 중학교 때 교실에서 눈에 띄지 않은 평범한 학생인 경우가 많더군요. 초등학교 때 영재교육원이나 수학경시 등을 경험한 학생들도 더러 있지만 경험 없는 학생들이 더 많았습니다. 특목고는 특목고대로, 자사고는 자사고대로, 또 일반고는 일반고대로 자신의 역량과 성향 그리고 진로에 맞는 선택을 했고, 학교마다의 강점을 잘 활용하여 전략적으로 입시를 준비한 경우가 대부분이었습니다.

입시를 위에서 내려다봤을 때 가장 좋은 점은 당장 아이에게 일어나는 일에 조급해 하지 않을 수 있다는 점입니다. 물론 아이를 대학에 보내야 하는 엄마의 입장에서 여유를 가지기는 쉽지 않은 것이 현실입니다. 앞서고 싶고 앞서간다는 안도감을 느끼고 싶은 마음은 충분히 이해합니다. 하지만 일희일비하지 않으려 노력해야 합니다. 그런 태도가 입시를 앞둔 엄마의 현명한 자세입니다.

튀지 않는 아이,
경쟁하지 않는 엄마

자녀의 대학 입시 결과는 엄마의 성적처럼 여겨지기도 합니다. 그러다보니 학교라는 공간에서 알게 모르게 경쟁 구도가 형성되고 옆집 아이를 이겨야 안심이 됩니다. '엄친아' '엄친딸'이라는 말이 유행하고 이제는 원래 있었던 말처럼 자연스럽게 쓰고 있는 현상이 이런 현실을 말해줍니다.

아이들이 특히 싫어하는 것이 엄마의 비교하는 말입니다. "옆집 누구는 몇 점이라더라." "엄마 친구 딸은 이번에 전교 1등했다더라." "누구는 몇 점 받았대?" 엄마가 이런 말을 하면 아이들은 자극을 받기보다 짜증이 앞섭니다. 더 나아가 아이의 성격과 성적을 망치는 원흉이 되기도 합니다. 엄마는 비교하려는 의도가 아니었어도 아이는 비교로 받아들입니다. 엄마가 절대 하지 말아야 할 금기어는 다른 아이의 성적이나 결과물을 언급하는 것입니다. 내 아이가 옆집 아이보다 우수하다는 것을 확인하는 순간 상대적인 우월감과 잘하고 있다는 안도감이 들게 마련입니다. 이러한 심리가 자꾸 옆집 아이의 성적에 관심을 갖게 만들고 알게 모르게 내 아이에게 스트레스를 줍니다.

사실 비교는 엄마만 하는 것이 아니라 아이도 합니다. 시험 결과가 나오면 친구는 몇 점인지 바로 확인하게 되고 친구가 자신보다 잘 봤으면 이내 불안해집니다. 그런 심리가 아이들 마음속에도 자리 잡기 때문에 엄마까지 여기에 가세하면 그 짜증이 엄마에게로 향합니다. 자기가 비교하는 것은 괜찮지만 엄마가 비교하면 싫은 거죠. 늘 좋은 성적만 받아 온 아이도 크게 다르지 않습니다. 성적으로 실망해 본 적이 없는 엄마가 결과만 부각시키면서 아이를 칭찬하고 기대를 표현하면 아이는 엄마를 실망시키면 안 된다는 마음을 갖게 됩니다.

서울대에 진학한 제 딸의 경우를 얘기해 보겠습니다. 저희 딸은 워낙 내향형 성격이라 초등학교 때부터 중학교 때까지 학교나 동네에서 전혀 튀지 않는 아이였습니다. 중학교 전체 내신 성적이 200점 만점에 195점이라는 사실도 졸업 무렵에야 알았습니다. 중학교가 상대평가를 하던 시절이었기 때문에 195점이면 전교에서 5등 정도 된다는데, 저도 아이도 졸업 때까지 그 성적과 등수를 몰랐습니다. 담임 선생님이 상담하면서 아이의 성적을 얘기해 주셨을 때 처음으로 '공부를 꽤 하는구나'라고 생각했습니다.

딸은 누구나 한번은 도전한다는 반장 선거에 한 번도 나가지 않았습니다. 새학기마다 아이에게 반장 후보로 나가보라고 권유했지만 아이는 매번 거부하면서 이렇게 얘기하더군요.

"묻어가다 앞서가자. 이 말이 저의 인생 좌우명이에요."

"그게 무슨 말이야?"

"고등학교 때 잘하면 돼요."

아이를 믿기는 했지만, 엄마 입장에서는 답답한 면도 있었죠. 하지만 아이의 성향을 억지로 바꿀 수는 없다고 생각해서 더 이상 참견하지 않고 웃고 말았습니다. 엄마가 아이를 잘 아는 것 같아도 내 아이라는 특수 관계와 엄마의 욕구 때문에 오히려 아이를 객관적으로 보지 못하는 경우가 많다는 것을 알고 있었으니까요.

고등학교 때도 전교 1~2등을 했지만 아이는 2학년 때까지도 반장선거에 한 번도 입후보하지 않았습니다. 성격대로 가는 거죠. 학생부종합전형을 생각하면 리더십을 보여줄 수 있는 활동으로 반장을 한번 정도는 해야 하지 않을까 하고 아이에게 물어보았습니다. 아이는 미루고 미루다가 고등학교 3학년이 되어서야 반장에 입후보했고 반장이 되었습니다. 그렇게 처음으로 반장이 되자 맡겨진

임무를 너무 열심히 해서 담임 선생님이 '이렇게 열심히 하는 반장은 처음 본다'고 얘기하실 정도였어요.

엄마가 아이를 키우면서 정말 내려놓아야 할 것 중의 하나가 바로 튀고 싶은 마음과 경쟁하려는 마음입니다. 튀고 싶고 경쟁에서 이기고 싶은 것은 너무도 자연스러운 마음이죠. 내 아이를 자랑하고 싶은 욕망을 억누르기란 쉽지 않으니까요. 그러나 이런 마음을 드러내는 순간 어김없이 주변의 비호감 지수가 상승하고 누군가의 경쟁 상대가 됩니다. 아이들 사이에서도 마찬가지입니다.

공부는 혼자 하는 외로운 싸움입니다. 튀면 튈수록 엄마나 아이는 자의든 타의든 남의 시선을 받고, 그러다 보면 그 시선을 신경 쓸 수밖에 없습니다. 그러니 내 아이가 우수할수록 밖으로 노출하는 것을 경계해야 합니다. 가장 안 좋은 것은 밖에서만 아이를 칭찬하거나 자랑하고 아이에게는 직접 칭찬하지 않는 경우입니다. 반대로 해야 합니다. 칭찬은 집 안에서 가족끼리 충분히 넘치도록 해주면 됩니다.

"아이 안에 엄마 있다."

제가 자주 하는 말입니다. 수많은 엄마와 아이들을 만나보면 신기하게 엄마와 아이의 성향이나 성격이 너무도 닮아 있다는 것을 느끼게 됩니다. 엄마가 경쟁을 좋아하고 겉으로 표현하는 성향이면 아이도 거울처럼 닮아 있습니다. 조용하고 티내지 않은 엄마는 아이도 그렇습니다. 아이와 엄마가 어떤 대화를 나누는지만 봐도 알 수 있죠. 시험 성적이 나왔을 때 아이가 어떤 문제를 틀렸고 왜 틀렸는지에 집중하지 않고, 다른 아이의 성적을 물어보거나 몇 등급이나 나올 것 같은지 비교하고 결과에만 집착하는 대화를 한다면 아이는 자신의 학습에 집중하지 못하고 늘 남의 평가나 시선을 의식하게 됩니다.

고등학교 공부는 힘들고 어렵습니다. 공부는 누가 대신해 줄 수도 없죠. 공부를 잘하는 아이들 중에는 시험이 다 끝날 때까지 채점을 미루는 경우도 많습니다. 시험이 끝날 때까지 멘탈이 흔들리면 안 된다고 생각하기 때문입니다. 아이가 오로지 자신에게 집중하면서 공부할 수 있도록 아이에 대한 자랑과 과시는 미뤄두세요.

중학교 때는 잘했는데 왜?
현실자각 타임이 온다

현재 학교 교육과정과 평가 방식으로 볼 때 중학교 때까지는 대학에서 요구하는 실력을 객관적으로 정교하게 파악하기가 쉽지 않습니다. 초등학교 과정은 점수나 등수를 내지 않고, 중학교 과정은 5단계 절대평가이기 때문입니다. 상황이 이렇다 보니 중학교 때까지 공부를 꽤 잘한다고 생각했던 아이들이 고등학교에 진학 후 중위권으로 떨어지는 경우를 많이 봅니다. 엄마도 아이도 당황스러운 순간이죠.

물론 누가 봐도 월등한 아이는 있습니다. 하지만 보통의 아이들은 고등학교 진학 후 현실에 맞닥뜨리게 됩니다. 이른바 '현실 자각 타임'이 오는 것이죠. 하지만 현실을 자각하고 나면 차분하게 실력을 갈고 닦아 대학 입시를 준비할 수 있는 시간이 현실적으로 부족하기 때문에 좌충우돌하게 되고, 이 과정에서 엄마와 아이 관계가 삐그덕거리는 경우가 많습니다. 엄마는 엄마대로, 아이는 아이대로 절망스러운 마음을 추스르기도 쉽지 않은데, 성적을 올려야 하는 현실적인 문제에 봉착하죠.

모든 아이들은 공부를 잘하고 싶어 합니다. 원하는 대학을 가고 자신의 꿈을 이루기 위해서이기도 하지만 아이들 마음 깊은 곳에는 '엄마에게 잘 보이기 위해' '엄마가 기뻐하는 모습을 보고 싶어서'이기도 합니다. 아이가 시험을 망쳤을 때 혹은 시험을 잘 봤을 때 아이는 누구를 가장 먼저 떠올릴까요? 바로 엄마입니다. 엄마의 실망한 표정, 화난 표정이 떠오르겠죠. 표현은 안 하지만 이게 아이들의 진짜 속마음입니다.

내가 고난에 빠졌을 때 진심으로 위로해 주는 친구 혹은 성공했을 때 진심으로 기뻐해 주는 친구가 진짜 친구라고 합니다. 이런 맥락에서 보면 아이에게 세상에서 진짜 친구 같은 존재는 엄마입니다. 아이가 성적으로 난관에 빠졌을 때 엄마가 어떻게 했는지에 따라 아이는 엄마와의 관계를 설정합니다.

엄마가 특별히 애쓰지 않았는데 아이가 공부를 잘하면 고맙고 기특합니다. 엄마와 아이의 관계가 나쁠 리가 없습니다. 하지만 엄마가 늘 노심초사하고 물심양면으로 지원하고 지지했는데 그만큼 성적이 나오지 않으면 엄마는 화가 나기 시작합니다. 당연한 일이죠. 하지만 엄마는 이런 화를 잘 다스려야 합니다. 엄마에게 아이는 입시가 끝나도 평생 함께 가야 하는 동반자이기 때문입니다. 순간적인 감정으로 아이에게 쏟아낸 엄마의 분노가 아이에게 돌이킬 수 없는 상처로 남을 수도 있습니다. 시험을 못 본 아이가 앞으로 어떻게 성적을 올릴 것인가를 생각하는 것보다 엄마의 눈치를 보고 엄마에게 더 신경 쓰는 상황은 최소한 만들지 말아야 합니다.

입시라는 긴 터널 끝에 남는 건 아이와의 관계

성적이 계속 떨어지고 엄마의 기대에 부응하지 못하는 아이의 심리를 들여다보면 처음에는 엄마에게 실망을 줘서 미안한 마음이 큽니다. 다음 시험에서 꼭 성적을 올리겠다고 다짐하죠. 그러나 쉽지 않습니다. 이런 상황이 반복되면 아이는 핑계 댈 누군가를 찾게 됩니다. 그 누군가가 누구일까요? 아이에게 가장 편하고 가까운 사람인 엄마입니다. 그래서 아이의 마음속 분노는 고스란히 엄마에게 갑니다. 엄마의 기대도 부담스럽고 엄마의 잔소리에 화가 나기도 합니다. 엄마가 이 학교에 가라고 해서 망했다거나 엄마가 추천한 학원 때문에 성적이 떨어졌다고 핑계를 대기도 합니다. 다른 학교에 갔으면 더 잘했을 거라거나 다른 학원 다닌 아이들은 성적이 올랐다거나 하는 말도 안 되는 소리로 엄마를 공격하기도 합니다.

아이에 대한 엄마의 기대가 크고 아이가 처한 현실을 엄마가 부정할수록 엄마와 아이의 간극은 멀어집니다. 가장 안타까운 경우는 아이가 엄마와 대화의 문을 닫아버리는 경우입니다. 아이의 입시 상담을 함께 하지 못하는 엄마도 있습니다. 아이가 거부하기 때문입니다. 엄마와 갈등의 골이 깊어지면 학교 시험이나 모의고사 성적표를 아예 안 보여주거나 공부나 입시와 관련한 모든 대화를 끊어버리기도 합니다. 아이의 입시와 공부에 대한 어떤 영향력도 행사하지 못하는 엄마들을 많이 보았습니다. 내 아이에 대한 정보와 아이의 생각도 제3자를 통해서 듣는 엄마들도 보았고요.

"우리 아이가 어떤 상황인가요? 말을 안 하니까 전혀 알 수가 없어서 속이 타들어가요. 물어봐도 대답도 안하고 눈도 안 마주쳐요."

상담을 요청한 고등학교 2학년 엄마의 하소연입니다. 이 아이가 엄마와 대화하지 않는 이유는 엄마의 기대치가 너무 높기 때문입니다. 아이는 일반고에서 내신 2.2등급을 유지하고 있었고, 한양대, 중앙대, 경희대를 목표로 생명 관련 학과에 진학하고 싶어 했습니다. 하고 싶은 공부였다고 해요. 하지만 엄마의 생각은 달랐습니다. 중학교 때 최상위권이었던 아이라 의대를 목표로 정했고, 의대를 갈 수 없다면 SKY까지는 가야 한다는 것이 엄마의 생각이었습니다. 의대가 목표였던 중학생들이 고등학교에 진학 후 생각만큼 성적이 나오지 않으면 생명과학이나 생명공학 등 관련 학과로 전향하는 경우는 흔한 일입니다. 아이의 현실에 맞춰 엄마도 기대를 내려놓아야 합니다. 내신 성적이 이 정도라면 논술전형이나 정시 혹은 재수라는 B플랜도 제안해 주어야 합니다. 엄마가 이러한 현실을 받아들이지 않았기 때문에 대화의 단절이라는 극단적인 상황을 맞이한 것이죠.

공부는 아이가 하는 것입니다. 때문에 동력이 생기지 않거나 정서적으로 에너지를 갉아먹는 상황이 되었을 때 아이는 엄마에게 어깃장을 놓는 방법으로 자신의 생각을 표현합니다. 중학교 때 공부를 잘했기 때문에 아이는 충분히 자신의 목표와 엄마의 기대에 부응할 수 있을 것이라고 생각했겠지만 현실을 깨달은 뒤 목표치를 낮춘 것이고 엄마가 이런 자신의 마음을 수용하기를 바랐을 것입니다. 그러니 아이를 충분히 이해해 주고, 생각을 존중해 주었을 때 아이는 더 공부할 수 있는 힘이 생깁니다. 엄마와의 관계가 어긋났을 때 아이는 허허벌판에 서 있는 느낌이 듭니다. 아이 혼자서 거칠고 외로운 입시의 길을 걸어가야 합니다. '공부 정서'라는 말이 있습니다. 정서적으로 안정된 아이가 공부도 잘하고 목표의식과 동기도 명확해집니다. 엄마는 아이가 부정적인 정서를 갖지 않도록 마음을 보살피는 것에 가장 중점을 두어야 합니다. 그래야만 아이의 숨은 잠재력이 극대화되고 원하는 결과에 다다를 수 있습니다.

아이 대학을 잘 보내야 엄마의 독립도 빨라진다

양육의 궁극적인 목적은 자녀를 독립시키는 것이라고 합니다. 대학 입시는 그 관문 중의 중요한 과정이고 '건강한 스무 살'이 되기 위한 하나의 통과의례, 즉 성인식 같은 것이라고 할 수 있습니다. 아이가 원하는 대학에 진학하면 '학부모'로 살아온 긴 시간에 종지부를 찍게 됩니다. 드디어 아이에게서 해방되었다는 자유를 만끽하게 되죠. 아이가 고등학교를 졸업하고 바로 대학에 잘 가는 것은 엄마의 기쁨이자 영광일 것입니다. 재수에 드는 비용과 시간을 생각하면 고3 때 대학에 가는 것이 가장 가성비 높은 일이기도 합니다. 물론 대학 진학 이후에도 학업은 계속되고 취업이라는 큰 관문이 남아 있지만 성인이 된 만큼 대학 입시를 준비할 때와는 그 강도가 다릅니다.

대학 입시에 실패했을 때 엄마는 시간적, 심리적, 경제적으로 아이에게 놓여나기 힘듭니다. 고통의 시간이 그만큼 길어질 수밖에 없고 아이와의 관계도 나빠지는 경우가 많습니다. 재수 비용도 만만치 않습니다. 경제적인 부분을 떠나서 그 힘든 시간을 견디는 아이를 지켜보는 엄마의 마음도 너무나 힘이 들 수밖에 없습니다. 물론 재수도 좋은 선택일 수 있습니다. 재수를 해서 더 좋은 기회를 가질 수도 있기 때문입니다. 아무리 그렇더라도 현역으로 대학에 가는 것이 가장 경제적이면서도 효율적인 방법이라는 것은 두 말할 나위가 없습니다. 고등학교 졸업과 동시에 원하는 대학에 진학하는 것을 목표로 체계적인 준비를 해야 엄마는 가장 빠르게 아이로부터 독립할 수 있습니다.

입시는 고등학교 3학년까지 경험해 봐야 속살까지 선명하게 보입니다. 아이가 대학에 진학하고 나면 대부분의 엄마들은 입시전문가가 되어 있습니다. 기본적인 입시 용어부터 전형별 특징, 고교별 유불리도 설명이 가능해질 정도로 알게 됩니다. 아이의 입시가 끝난 엄마들은 얘기합니다. "조금만 더 입시를 알았으면 더 잘 보낼 수 있었을 텐데…"라고요. 맞는 말입니다. 엄마가 입시를 제대로 알면 아이 공부의 분명한 방향이 보입니다. 쓸데없는 것에 시간과 비용을 낭비하지 않고 정말 중요한 것에 집중할 수 있었을 거라며 아쉬워하는 엄마를 너무나 많이 보았습니다. 엄마가 입시에 대해 아는 만큼 아이에게 빨리 독립할 수 있습니다. 엄마에게도 엄마의 삶이 있잖아요. 아이를 잘 키워서 빨리 독립시킨 뒤 엄마의 인생을 마음껏 즐기기를 바랍니다.

2장

SEOUL
NATIONAL
UNIVERSITY

입시 정보, 이만큼은 꼭 알자

쟈

입시의 A, 수시전형 vs 정시전형

입시를 공부할 때 가장 먼저 알게 되는 것이 수시전형과 정시전형의 구분입니다. 대학의 전형 요소와 전형별로 어떤 비중을 두고 평가하는지 파악하는 것이 입시 공부의 시작입니다.

수시는 학생부를 평가하는 학생부종합전형과 학생부교과전형이 있고, 대학에서 직접 출제하는 시험을 통해 진학하는 논술전형이 있습니다. 정시전형은 수능 성적 위주로 선발합니다. 최근에는 서울대, 연세대, 고려대 등 최상위권 대학을 중심으로 정시전형에서도 수능 성적을 기본으로 교과내신을 일부 반영하는 추세입니다. 내신과 수능과 논술은 각각 출제 주체가 다릅니다.

대학 입시 전형과 평가 요소

구분	전형 유형	주요 전형 요소	
수시	학생부(고교별)	학생부 교과	교과내신+수능최저
		학생부 종합	창체+교과내신+면접+수능최저
	논술(대학별)	논술+수능최저+교과내신	
정시	수능(평가원)	수능 성적+교과내신	

2025학년도부터 고교학점제가 시행되기 때문에 2024년도 현재 고등학교 1학년과 중학교 3학년의 입시는 다릅니다. 계속해서 변하는 입시 제도가 무척 혼란스러워 보일 수도 있습니다. 그러나 20년 동안 입시의 변화를 취재해 온 제가 봤을 때 입시는 크게 변하지 않았고 오히려 한결같다고 할 수 있습니다. 대학은 결국 국어, 영어, 수학 성적이 우수한 학생을 선발하고 싶어 한다는 것입니다. 대학 수업이 어떻게 이루어지고, 학생을 어떻게 평가하는지를 보면 어떤 학생을 뽑고 싶은지도 보입니다. 기본적으로 글을 잘 읽고 쓰는 능력은 국어 성적으로 평가합니다. 원서를 잘 읽어내고 영어 강의를 들으며 언어 간 호환이 원활한 학생인지는 영어 성적을 통해 판단합니다. 계열에 따른 차이가 있지만 수학을 활용한 문제 해결력이 높은 학생을 대학은 가장 좋아합니다. 대학별, 전형별, 전공

별로 들어가 보면 세부적으로 요구하는 역량이 달라지기도 하지만 가장 큰 틀에서 국어, 영어, 수학 성적이 대학을 결정한다고 볼 수 있습니다.

3등급도 합격했는데 1등급이 왜 떨어져?

고등학교에서 자신의 진로와 적성에 맞는 활동을 하고 전공과 연계된 과목에서 우수한 성적을 받아 학생부종합전형으로 대학에 가는 것이 가장 이상적인 입시라고 할 수 있습니다. 학생의 거의 모든 면을 평가하는 학생부종합전형이 가장 복잡하게 대학을 가는 길이라면, 수능은 가장 간단하게 대학에 잘 가는 방법입니다. 수능도 대학별로 교과내신을 반영하기도 하지만 현재 고등학교 1학년까지는 수능 성적이 좋으면 원하는 대학에 갈 수 있습니다. 대학은 전공적합성 못지않게 성적 좋은 학생을 선호합니다. 더욱이 수능은 학교별 편차와 관계없이 전국 단위로 학생의 성적을 가장 잘 볼 수 있는 시험이기 때문에 대학 입장에서는 수능을 통해 안정적으로 우수한 학생을 선발할 수 있기 때문입니다.

재수하지 않고 현역으로 대학을 가장 잘 갈 수 있는 전형은 학생부종합전형입니다. 그러나 학생부종합전형은 진로 관련 비교과 활동과 전공 권장과목 이수, 인성까지 다면적으로 학생을 평가하기 때문에 고등학교 전 학년 모든 시간을 성실하게 임해야 합니다. 대학은 지성의 전당인 만큼 학생부종합전형에서도 학업 역량을 가장 많이 봅니다. 학교 활동을 왕성하게 했어도 대학에서 요구하는 성적이 나오지 않았으면 그 활동들이 의미 없어지므로 가장 중요한 비중으로 성적에 힘써야 합니다.

입시에서 학생의 학업 역량을 평가하는 기준은 내신 성적, 수능, 논술, 구술에서 고르게 이루어집니다. 내신의 출제 기관은 학교입니다. 사실 고등학교는 지역별, 유형별로 학력 수준의 차이가 크기 때문에 대학은 내신 성적을 믿지 않는 경향이 있습니다. 때문에 상위권 대학 대부분은 내신만을 정량적으로 평가하는 학생부교과전형에서 수능최저기준을 적용하고 있습니다. 학교 내신 성적이 우수하면 유리하지만 일정 수준의 수능 성적을 확보해야만 그 내신 성적을 인정해 주겠다는 의미입니다. 수능최저기준은 해당 대학에서 학생을 받아줄 수 있는 마지노선이라고 보면 됩니다.

내신 성적이 좋으면 입시에서 확실히 유리한 것은 사실입니다.

그러나 학생부종합전형의 경우는 양상이 조금 다릅니다. 내신 2등급대 학생이 합격하고 1등급대 학생이 불합격하는 경우가 흔하게 일어납니다. 또 특목고나 자사고는 3등급대 학생이 서울대에 합격하기도 하지만 일반고에서는 1등급 학생이 불합격하기도 합니다. 학생부종합전형은 기본적으로 정성적 평가가 이루어지기 때문입니다. 모집단위별로 학과에서 제시한 권장과목을 이수하지 않았거나 비교과활동이 미흡하거나, 혹은 출결에 미인정(무단 지각, 무단 결석)이 있는 경우 합격하기는 쉽지 않습니다. 반대로 전체 내신 평점이 낮더라도 전공 권장과목을 이수하고, 그 과목의 성적이 우수하다면 좋은 평가를 받습니다.

특목고의 경우 전문 심화과목이 상대평가 과목으로 개설되어 있기 때문에 학생부종합전형에서 선호할 수밖에 없는 교육과정입니다. 또 과목을 선택한 학생이 적은 소인수 과목이 많기 때문에 등급이 잘 나오기 어려운 구조라는 것도 학생부종합전형에서는 평가에 반영됩니다. 이러한 것을 종합적으로 적용하여 판단하기 때문에 학생부종합전형은 합격컷을 예측하기가 간단치 않습니다.

대학은 왜 내신보다 수능을 좋아할까?

한국교육과정평가원에서 출제하는 수능은 학생의 학력을 판단하는 가장 객관적인 평가 기준입니다. 일반적으로 고등학교에서 출제하는 내신의 출제 경향과 난이도가 수능과 가까운 형태로 출제되는 것을 수능형 내신이라고 하는데요. 그렇다면 수능형 문제란 무엇일까요? 수능은 기본적으로 처음 보는 글, 처음 보는 유형을 풀어낼 수 있어야 등급을 잘 받을 수 있는 시험이라고 전문가들은 말합니다. 그러니까 내신을 수능형으로 출제한다는 것은 교과서에서 배웠던 작품이나 유형을 출제하지 않고, 교과서 속 개념을 바탕으로 학교에서 다루지 않았던 유형이나 작품, 지문을 출제할 수 있다는 의미입니다.

1993년까지 시행했던 학력고사와 비교하면 조금 명확해질 텐데요. 학력고사는 교과서 내용을 암기하고 그 내용을 복기하는 시험이라 암기력이 매우 중요했습니다. 학력고사 시절에는 전 국민이 같은 교과서로 공부했습니다. 반면 수능은 기본적으로 사고력을 평가하는 시험입니다. 교과서 속의 개념을 정확하게 알고 이 개념을 활용해서 문제를 풀어내는 능력을 평가합니다. 때문에 수능은 교과서나 학교 프린트물 밖에서도 출제될 수 있다는 것을 알아야 합니다. 따라서 수능 시험은 개념을 정확하게 알고 있는지, 그 개념을 문제에 활용할 수 있는지가 핵심입니다. 수능 공부에서 개념이 중요하다고 얘기하는 이유입니다. 수능의 개념은 기본적으로 교과서에서 배우며, 교과서에서 배우지 않은 개념은 절대 수능에서 출제하지 않습니다.

따라서 고등학교의 공부는 수능형으로 해야 합니다. 교과서 속의 개념을 정확하게 이해하는 것부터 시작해서 개념 확인 문제, 유형 적용 문제, 개념 심화 문제 등 여러 유형의 문제에 적용하는 훈련을 해야 합니다. 국어를 예로 들어볼까요? '시의 화자'라는 개념에 대해 배우면 학생들은 시험에서 처음 보는 시가 나오더라도 '시의 화자'의 상황을 읽어낼 수 있어야 합니다. 모든 공부에 개념이 중요하지만 수능이야말로 개념이 튼튼해야 하는 공부입니다.

대학은 기본적으로 암기를 통해 지식을 확인하는 공부를 하는 것이 아니라 사고력을 바탕으로 어떤 문제 상황에 개념을 적용하고 활용하여 자신만의 방법으로 문제를 해결해 나가는 방식으로 공부하고 평가합니다. 암기를 잘해서 배경지식이 많다는 것은 분명 장점이지만 그것만으로는 부족한 것이 대학 공부입니다. 수능의 본래 의미가 '대학 수학 능력 시험'임을 되새겨 보아야 합니다. 이렇듯 사고력을 기반으로 한 시험이 수능이기에 대학에서 수능 점수를 더 좋아하는 건 당연합니다. 상위권 대학들이 수시전형에서도 전형별로 수능최저 학력기준을 요구하는 것도 이 때문입니다.

평균 경쟁률 50대 1, 논술전형을 뚫어라

논술시험은 각 대학에서 직접 출제하기 때문에 대학별 고사라고 합니다. 논술전형은 내신이나 학생부 활동에 경쟁력이 약한 학생이 선택하는 경향이 강합니다. 또 학생부 내신으로 갈 수 있는 대학보다 높여서 지원하고 싶을 때 논술전형을 선택하기도 합니다. 보통 1학년 때는 학생부종합전형을 목표로 준비하다가 2학년 때 수시 지원 카드를 논술전형으로 갈아타는 경우가 많은데요. 이때 수시전형 6장을 모두 논술전형으로 쓰는 6논술로 지원하거나 학생부 중심 전형과 나누어 지원하기도 합니다.

현재의 입시 구조로 봤을 때 일반고를 기준으로 상위 10~20% 1~3등급 이내 학생들이 학생부교과전형과 학생부종합전형으로 대학에 지원합니다. 그래야 합격 가능성이 있습니다. 나머지 80~90%의 학생들은 수시 원서 6장의 기회를 버릴 수는 없기 때문에 논술전형으로 대거 몰릴 수밖에 없습니다. 그래서 논술전형은 경쟁률이 높은, 바늘구멍 뚫는 전형이 되는 것이죠. 게다가 논술전형은 재수생이나 반수생, N수생들도 대부분 지원하기 때문에 재학생에게는 더욱 좁은 문일 수밖에 없습니다.

그럼에도 논술전형을 뚫는 재학생들이 있습니다. 어떻게 준비한 것일까요? 논술전형으로 합격한 재학생들은 공통적으로 수능 모의고사 성적도 좋습니다. 논술전형은 논술 답안 100%로 선발하는 대학들도 있지만 수능최저기준을 적용하는 대학들이 대부분이고, 학생부 교과 성적을 일부 반영하기도 합니다. 논술전형 평균 경쟁률은 50대 1이지만 수능최저기준을 충족하는 학생들이 적기 때문에 실질 경쟁률은 절반 정도로 줄어듭니다.

논술시험 과목 역시 수능과목이기 때문에 수능 모의고사를 잘 보는 학생이 논술전형의 답안을 잘 쓸 가능성이 높습니다. 고려대 자유전공학부 논술전형으로 합격한 제 딸의 예를 들어보겠습니다. 수시에서 학생부종합전형으로 서울대와 연세대, 고려대 국어국문학과를 지원하고 한 장을 고려대 자유전공학부 논술전형으로 지원했습니다. 내신 성적과 비교과활동이 우수해 당연히 학생부종합전형으로 합격이 가능하다고 생각했기 때문에 따로 논술을 준비한 적이 없었는데도 우수한 성적으로 논술전형에도 합격했습니다. 논술학원 한번 가지 않고 시험을 잘 볼 수 있었던 이유를 물어보니 한국사와 사회문화, 윤리와 사상, 수학 교과서에서 배운 개념들이 다 나왔기 때문에 편하게 답안을 작성할 수 있었다고 하더군요. 이렇게 수능이 논술이고 논술이 내신입니다. 수능은 객관식, 논술은 논술형 등 문항의 유형에만 차이가 있을 뿐 결국 하나로 통하는 시험입니다.

아이들이 논술전형을 지원해야겠다고 마음먹는 순간 엄마는 '이제부터 논술학원에 다녀야 하나'라고 생각합니다. 하지만 논술 시험을 준비하기 위해서 가장 먼저 해야 할 공부는 지원 대학의 출제 과목을 파악하고, 그 과목의 수능과 내신에 집중하는 것입니다. 수능 과목의 기초가 약한 학생이 내신을 잘 볼 수 없고, 논술은 더더욱 잘 볼 수 없기 때문입니다.

내신 버리고 수능에만 올인하는 정시 파이터?

고등학교 교육과정은 기본적으로 학생부종합전형을 기준으로 짜여 있습니다. 그러나 학생부종합전형으로 대학에 진학하는 학생의 비율은 생각보다 많지 않습니다. 학군지의 경우 수시보다 정시 합격률이 훨씬 더 높습니다. 내신 따기가 녹록치 않다보니 고등학교 2학년쯤 되면 대부분의 아이들이 선택의 기로에 서게 됩니다. 현재까지의 내신과 모의고사 성적을 바탕으로 지극히 현실적인 선택을 해야 하는 시기가 옵니다. 계속해서 학생부종합전형을 준비할 것인지, 비교과활동은 접고 학생부교과전형을 목표로 주요 과목만 집중할 것인지, 아니면 수시는 논술전형 준비를 시작하고 정시에 올인할 것인지는 대부분의 학생들이 고민하는 지점입니다.

우리나라는 입시를 준비하기 위해 필요한 모든 정보를 공개하고 있습니다. 때문에 정보 부족으로 인한 어려움은 없습니다. 문제는 이러한 정보들을 어떻게 내 아이의 상황에 꼭 맞게 적용할 수 있을까 하는 것입니다. 학생부교과전형과 학생부종합전형은 대략적으로 일반고 기준 3등급대 이내 학생들을 선발하는 만큼 적어도 해당 학교에서 상위 20% 내외의 성적이어야 합니다. 학생마다 목표 대학과 학과가 다르다는 것을 고려한 대략적인 수치입니다.

그렇다면 나머지 80% 내외의 학생들은 입시를 어떻게 준비할까요? 학생부와 교과내신을 버리는 순간 입시는 그야말로 바늘구멍이 되고 무한 경쟁으로 들어가야 합니다. 현재 입시에서 수시 학생부 경쟁에서 밀린 학생들은 선택의 여지없이 수시-논술 그리고 정시-수능이라는 방향으로 갈 수밖에 없습니다. 학생의 과목별 성적이나 여건에 따라서 예체능으로 진로를 바꾸기도 합니다.

고등학교 2학년 선택의 기로에 있는 아이들은 '리셋'하고 싶은 마음이 큽니다. 지금까지의 성적을 잊고 새로운 전형으로 새롭게 시작하면 정말 잘 할 수 있을 것 같기 때문입니다. 그렇게 내신을 버리자마자 수시 6장을 살릴 카드로 논술학원을 찾고, 수능 학습 계획을 세웁니다. 이때 아이의 마음은 굉장히 열심히 하겠다는 각오로 가득 찹니다. 하지만 대부분의 아이들이 맞이하는 이런 상황에서 학생부와 상관없이 성공적인 입시를 치르기란 정말 쉽지 않다는 걸 명심해야 합니다.

아이들이 하는 또 하나의 착각은 학생부를 버렸기 때문에 학교 내신을 남의 일로 생각한다는 것입니다. 학생부종합전형을 버리는 것이지 내신을 버리는 것이 아니라는 것을 정확하게 알아야 합니다. 비교과활동이나 비수능과목을 하지 않는 에너지를 내신의 수능과목에 쏟아야 한다는 사실을 반드시 기억해야 합니다.

고등학교 교육과정을 알면 입시가 한눈에 보인다

입시는 실제로 겪어봐야 가장 잘 보입니다. 입시를 경험하지 않은 초등학생이나 중학생 엄마는 어느 고등학교가 서울대나 의대를 많이 보냈는지, 앞으로 입시가 어떻게 변하는지 정도만 보입니다. 이렇게 입시에 대한 정보가 피상적일수록 두려움은 커집니다. 입시를 제대로 알고 대학에서 선발하고 싶은 아이로 키우기 위해서 엄마는 무엇부터 공부해야 할까요?

기본적인 입시 용어부터 교과세특, 전공적합성, 표준편차 등등 디테일한 용어까지 입시의 모든 것을 관통하는 것은 바로 고등학교에서 아이들이 배우는 과목입니다. 이것을 한눈에 볼 수 있게 만들어놓은 것이 바로 고등학교 교육과정입니다. 입시에 관한 모든 것은 고등학교 교육과정 속에 있습니다. 학원을 너무 많이 다니는 아이들이 교과서를 읽지 않듯이, 교육과정을 보지 않고 입시를 얘기하는 경우가 정말 많습니다. 교육부에서 고등학교 학생들이 이수해야 할 필수과목과 선택과목을 정하면 각 고등학교의 상황에 맞게 교육과정 편성표라는 것을 만듭니다. 해당 학교 아이들이 3년 동안 어느 학년에 어떤 과목을 이수하는지 하나의 표로 만들어놓은 것입니다.

고등학교 교육과정(현행)

교과 영역	교과(군)	공통과목 (1학년)	선택과목(2~3학년)	
			일반선택	진로선택
기초	국어	국어	독서, 문학, 화법과 작문, 언어와 매체	실용국어, 심화국어, 고전읽기
	수학	수학	수학Ⅰ, 수학Ⅱ, 미적분, 확률과 통계	실용수학, 기하, 경제수학, 수학과제 탐구
	영어	영어	영어회화, 영어Ⅰ, 영어Ⅱ, 영어독해와 작문	실용영어, 영어권 문화 진로영어, 영미문학 읽기
	한국사	한국사		
탐구	사회	통합사회	한국지리, 세계지리, 세계사, 동아시아사, 경제, 정치와 법, 사회문화, 생활과 윤리, 윤리와 사상	여행지리, 사회문제 탐구, 고전과 윤리

탐구	과학	통합과학 과학탐구실험	물리학Ⅰ, 화학Ⅰ, 생명과학Ⅰ, 지구과학Ⅰ	물리학Ⅱ, 화학Ⅱ, 생명과학Ⅱ, 지구과학Ⅱ, 과학사, 생활과 과학, 융합과학
체육 예술	체육		체육, 운동과 건강	스포츠 생활, 체육탐구
	예술		음악, 미술, 연극	음악 연주, 음악 감상과 비평, 미술 창작, 미술 감상과 비평
생활 교양	기술가정		기술가정, 정보	
	제2외국어		독일어Ⅰ 프랑스어Ⅰ 스페인어Ⅰ 중국어Ⅰ 일본어Ⅰ 러시아어Ⅰ 아랍어Ⅰ 베트남어Ⅰ	독일어Ⅱ 프랑스어Ⅱ 스페인어Ⅱ 중국어Ⅱ 일본어Ⅱ 러시아어Ⅱ 아랍어Ⅱ 베트남어Ⅱ
	한문		한문Ⅰ	한문2
	교양		철학, 논리학, 심리학, 교육학, 종교학, 진로와 직업, 보건, 환경, 실용경제, 논술	-

출처: 교육부

2022 개정교육과정(2025학년도부터 시행)

교과(군)	공통과목	선택과목(2~3학년)		
		일반선택	진로선택	융합선택
국어	공통국어Ⅰ 공통국어Ⅱ	화법과언어, 독서와 작문, 문학	주제탐구독서, 문학과 영상, 직무의사소통	독서토론과글쓰기, 매체의사소통, 언어생활탐구

수학	공통수학Ⅰ 공통수학Ⅱ	대수, 미적분, 확률과 통계	기하, 미적분Ⅱ, 경제수학, 인공지능수학, 직무수학	수학과 문화, 실용통계, 수학과제탐구
	기본수학Ⅰ 기본수학Ⅱ			
영어	공통영어Ⅰ 공통영어Ⅱ	영어Ⅰ,영어Ⅱ	영미문학읽기, 영어발표와 토론, 심화영어, 심화영어독해와 작문, 직무영어	실생활 영어회화, 미디어영어, 세계문화와 영어
	기본영어Ⅰ 기본영어Ⅱ	영어독해와 작문		
사회 (역사/도덕 포함)	한국사Ⅰ 한국사Ⅱ	세계시민과 지리, 세계사, 사회와 문화, 현대사회와 윤리	한국지리탐구, 도시의 미래탐구,동아시아역사기행, 정치, 법과사회, 경제윤리와 사상, 인문학과 윤리, 국제관계의 이해	여행지리, 역사로 탐구하는 현대세계, 사회문제탐구, 금융과 경제생활, 윤리문제탐구, 기후변화와 지속가능한 세계
	통합사회Ⅰ 통합사회Ⅱ			
과학	통합과학Ⅰ 통합과학Ⅱ	물리학, 화학, 생명과학, 지구과학	역학과 에너지, 전자기와 양자, 물질과 에너지, 화학반응의 세계, 세포와 물질대사, 생물의 유전, 지구시스템과학, 행성우주과학	과학의 역사와 문화, 기후변화와 환경생태, 융합과학탐구
	과학탐구실험Ⅰ 과학탐구실험Ⅱ			
제2외국어 /한문		독일어, 프랑스어, 스페인어, 중국어, 일본어, 러시아어, 아랍어, 베트남어	독일어회화, 프랑스어회화, 스페인어회화, 중국어회화, 일본어회화, 러시아어회화, 아랍어회화, 베트남어회화, 심화독일어, 심화프랑스어, 심화스페인어, 심화중국어, 심화일본어, 심화러시아어, 심화아랍어, 심화베트남어	독일어권 문화, 프랑스어권 문화, 스페인어권 문화, 중국문화, 일본문화, 러시아문화, 아랍문화, 베트남문화
		한문	한문 고전 읽기	언어생활과 한자

출처: 교육부

고등학교 과목 유형과 이수 학년

과목	내용	이수 학년
공통과목	모든 고등학생 필수 과목	1학년
일반선택과목	학생의 진로에 따라 선택 (필수 이수+선택 이수)	2~3학년
진로선택과목		
융합선택과목		

고등학교 교육과정 편성표 읽는 법

대학 학과는 계속 세분화되고 급변하는 사회 흐름에 따라 계속 새로운 학과가 생겨나고 있습니다. 이에 비해 고등학교 교육과정의 과목은 매우 한정되어 있습니다. 진로 중심 선택형 교육과정과 고교학점제 시행으로 예전에 비해 과목이 많이 세분화되고 전문화되었지만, 학생은 이중 일부를 선택해서 이수해야 합니다. 학생의 희망 진로와 전공에 따라 필요한 과목을 고등학교에서 배울 수 있도록 필수 이수 과목 이외에 진로선택과목, 전문과목, 주문형 강좌 등을 개설하여 다양한 강좌를 듣게 하는 것이죠.

1학년은 공통과정으로 국어(공통국어), 수학(수학 상, 수학 하), 영어, 통합사회, 통합과학, 과학탐구실험을 기본으로 학교별로 정보, 기술가정, 제2외국어 등 생활교양과목을 개설합니다. 2024년 기준 고등학교 1학년까지 적용하는 2015개정 교육과정 고1 과정은 수능과목에 해당되지 않고, 2022개정 교육과정부터 1학년 과목인 통합사회, 통합과학이 수능과목에 포함되었습니다.

입시를 생각할 때 주요 과목은 2학년 때부터 이수하는 일반선택과목입니다. 이들 과목은 대부분 상대평가이자 수능과목이기 때문입니다. 현재 고등학교 1학년까지는 2015개정 교육과정을 이수하게 되는데, 수능과목으로는 국어는 독서, 문학(공통), 화법과 작문, 언어와 매체 중 1과목 선택입니다. 수학은 수학Ⅰ, 수학Ⅱ(공통), 확률과 통계, 미적분, 기하 중 1과목 선택입니다. 영어는 영어Ⅰ, 영어Ⅱ가 수능과목이고, 그 외 탐구과목은 물리학, 화학, 생명과학, 지구과학 Ⅰ Ⅱ(Ⅱ 과목은 진로선택), 그리고 사회탐구과목은 생활과 윤리, 윤리와 사상, 한국지리, 세계지리, 동아시아사, 세계사, 정치와 법, 경제, 사회문화입니다. 탐구과목은 수능에서 계열 구분 없이 2과목을 선택할 수 있습니다.

학교는 학생들의 진로를 바탕으로 학교 교육과정을 통해 입시를 준비할 수 있도록 교육과정을 편성합니다. 과목 수요 조사를 해서 학생들에게 필요한 과목을 파악하고, 2학년 과정에 수능 공통과목을, 3학년 과정에 수능 선택과목을 배치하는 등 효율적으로 수능에 대비할 수 있도록 돕고 있습니다. 1학년 과정은 전국 모든 고등학교가 똑같이 운영하기 때문에 학교별로 짜놓은 교육과정 편성표를 살펴볼 때의 핵심은 2학년과 3학년에서 어떤 과목을 언제 이수할 수 있는지 살펴보는 것입니다. 2028 대학 입시 개편 확정안에 따라 1학년 공통과목인 통합사회, 통합과학이 수능과목으로 채택되었습니다. 현행 기준, 국어의 경우 2학년 때 수능과목인 문학과 독서(비문학) 과목을 배우고, 3학년 때 선택과목인 화법과 작문 혹은 언어와 매체를 선택하여 이수하는 것이 일반적입니다. 영어도 수능과목인 영어Ⅰ, 영어Ⅱ를 2학년 때 이수합니다.

과학탐구과목은 물리학Ⅰ, 화학Ⅰ, 생명과학Ⅰ, 지구과학Ⅰ중 1~2과목을 선택하고, 사회탐구과목 9개 과목 중 1~2과목을 선택할 수 있게 편성해 놓습니다. 3학년에서 이수하는 과목은 일반적으로 학생들이 수능에서 가장 많이 선택하는 과목을 중심으로 개설해 놓습니다. 내신과 수능을 동시에 공부할 수 있게 하려는 학교의 전략이라고 할 수 있습니다. 그 외 3학년 과목들은 보통 절대평가인 진로선택과목들을 편성합니다. 일반선택과목에 비해 입시에서 변별력이 약한 진로선택과목을 3학년 때 편성해 놓은 것은 학생부종합전형을 잘 마무리하고 수능과목에 집중할 수 있는 시간을 만들어주기 위한 학교의 배려라고 할 수 있죠. 고교학점제가 시행되는 2025학년도에 고등학교 1학년이 되는 학생이 치르는 2028학년도부터는 수능에서 과목 선택이 없어져 문이과계열 모두 같은 과목으로 시험을 치릅니다. 이른바 통합형 수능이죠. 탐구과목에서 선택이 없어지고 고등학교 1학년 과정에서 배우는 통합사회, 통합과학이 채택되어 단순화되었습니다. 선택형 수능일 때 과목별 공부량과 난이도가 다른 만큼 어느 정도 과목 변별력을 가질 수 있었으나, 통합형 수능만으로는 계열별 전공 역량과 전공 적합성을 판단하기 힘들어졌습니다. 이에 따라 대학은 수능 성적만으로 학생을 선발하기는 현실적으로 힘들어졌고 교과내신과 학생부 활동, 구술면접 등의 전형 요소를 추가할 가능성이 높아졌습니다.

고등학교 교육과정상 수능과목(현행)

영역	과목	선택
국어	(공통): 독서, 문학 (선택): 화법과 작문, 언어와 매체 중	선택과목 2 과목 중 택 1
수학	(공통): 수학Ⅰ, 수학Ⅱ (선택): 확률과 통계, 미적분, 기하	선택과목 3 과목 중 택 1
영어	영어Ⅰ, 영어Ⅱ	공통
탐구	사회: 생활과 윤리, 윤리와 사상, 한국지리, 세계지리, 동아시아사, 세계사, 정치와 법, 경제, 사회문화(9과목) 과학: 물리학Ⅰ, 화학Ⅰ, 생명 과학Ⅰ, 지구 과학Ⅰ, 물리학Ⅱ, 화학Ⅱ, 생명과학Ⅱ, 지구과학Ⅱ(8과목)	17 과목 중 계열 구분 없이 택 2
한국사	공통(한국사)	공통
제2외국어/한문	독일어Ⅰ, 프랑스어Ⅰ, 스페인어Ⅰ, 중국어Ⅰ, 일본어Ⅰ, 러시아어Ⅰ, 아랍어Ⅰ, 베트남어Ⅰ, 한문Ⅰ	9 과목 중 택 1

고등학교 교육과정상 수능과목(2028학년도 이후)

영역	과목	선택
국어	(공통): 독서와 작문, 문학, 화법과 언어	선택과목 없이 문 · 이과 동일
수학	(공통): 대수, 미적분 I ,확률과 통계	
영어	영어 I , 영어 II	
탐구	사회: (공통) 통합사회 과학: (공통) 통합과학	
한국사	공통(한국사)	
제2외국어/한문	독일어 I , 프랑스어 I , 스페인어 I , 중국어 I , 일본어 I , 러시아어 I , 아랍어 I , 베트남어 I , 한문 I	9 과목 중 택 1

다 버려도 절대 포기하면 안 되는 과목

고등학교에 개설된 과목은 매우 많습니다. 물론 모든 과목을 다 이수하는 것은 아니고, 국어, 영어, 수학 등 필수이수 과목이 있고 학생의 진로에 따라 과목을 선택해서 이수할 수 있습니다. 필수이수 과목과 선택한 모든 과목을 다 잘하고 좋은 성적을 유지하면서 고등학교 3년을 보내는 학생은 정말 많지 않습니다.

슬기로운 입시 준비는 정보를 모으는 것이 아니라 모았던 정보를 하나씩 버려나가는 것이라고 할 수 있습니다. 엄마는 기본적인 입시 정보에 대해 아이가 고등학교에 진학하기 전에 공부해 두어야 합니다. 그래야만 내 아이가 역량을 발휘할 수 있는 고등학교가 어디인지, 어떤 과목이 아이에게 중요한지, 몇 학년 때 무엇을 버리고 집중해야 하는지 안내자 역할을 할 수 있기 때문입니다. 고등학교 진학 이후 1학년 때는 학생부종합전형을 목표로 활동 계획을 세우고 교과내신, 전공 관련 비교과활동을 챙기는 것으로 시작해야 합니다. 모든 가능성을 열어놓고 준비해야 하기 때문입니다.

그러나 모든 과목을 다 잘하지 못한다면 하나씩 버리면서 특정 과목에 집중할 수 있도록 해주어야 합니다. 이것이 입시 전략의 핵심이라고 할 수 있습니다. 사실 입시에서 어떤 전형 하나를 버리겠다고 결정하는 것은 결코 쉽지 않은 일입니다. 하나씩 버릴 때마다 더 높은 경쟁으로 가야 하고 1학년 때부터 준비한 시간을 생각하면 한 쪽 팔이 떨어져나가는 것 같은 심정이 들기도 합니다. 이때 엄마가 해야 할 것은 버릴 과목과 활동을 과감하게 놓을 수 있게 도와주는 일입니다. 대학은 여러 과목과 영역을 고르게 다 잘하는 학생을 가장 좋아하고, 그다음은 전공 관련 과목을 확실하게 잘하는 학생을 좋아합니다. 입시에서 제일 힘든 학생은 고르게 평범하거나 고르게 못하는 학생임을 기억해야 합니다.

그럼 이제 무엇을 버리고 무엇을 가져갈 것인가의 문제가 남습니다. 입시에서는 학생부, 수능, 논술, 구술 4가지를 다 잘해야 한다고 생각하기 쉽지만, 결국 아이는 한 개 또는 두 개의 전형으로 대학에 갑니다. 그런데 입시를 관통해서 보면 이 모든 영역은 하나로 연결되어 있음을 알 수 있습니다. 내신 잘하는 아이가 수능을 못할 수 없고, 수능을 잘하면서 논술을 못 볼 수는 없습니다. 구술면접도 마찬가지입니다. 구술면접은 예측하기 어려운 문제가 출제된다고 생각하는 경향이 있는데, 제시문 기반의 구술면접 문제도 과목과 범위가 분명히 존재하고, 그 과목은 대부분 고등학교 교육과정에서 중요하게 다뤘던 수능과목입니다.

이렇게 내신-수능-논술-구술은 하나로 연결되어 있고 과목과 범위도 똑같습니다. 그 과목들이 바로 내신의 상대평가 과목이고, 수능과목이며, 논술과 구술면접도 이 과목들에서 출제됩니다. 요약하자면 입시를 포기하지 않았다면 어떤 경우에도 수능에 해당되는 과목은 절대 버려서는 안 됩니다. 몇몇 최상위권 대학을 제외하고 학생부교과전형도 국어, 영어, 수학, 탐구과목의 내신 성적을 정량적으로 반영합니다. 학생부교과전형에서 반영하는 그 과목들이 바로 논술과목이고 구술과목입니다. 결론적으로 교육과정상 모든 과목을 다 잘할 수 없다면 내신 공부를 통해 수능과목을 확실하게 잡는 것이 가장 현명하고 효율적인 입시 공부라고 할 수 있습니다.

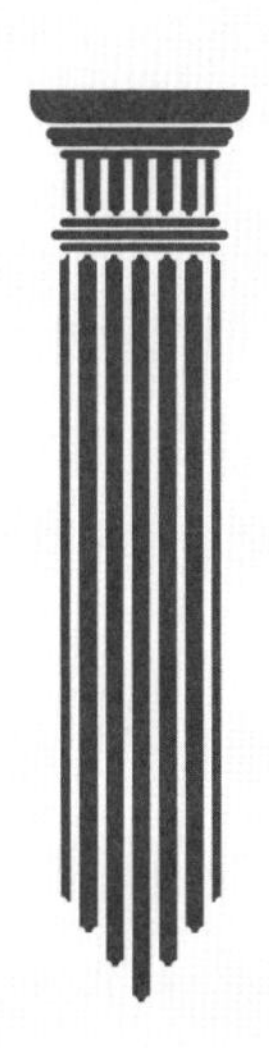

★ ★ ★ ★ ★ 슬기로운 입시 정보

고교학점제가 시행되면 입시는 어떻게 달라질까?

2024년도 현재 중학교 3학년이 고등학교에 진학하는 2025학년도부터 2022개정 교육과정을 기반으로 한 고교학점제가 시행됩니다. 따라서 이 학생들이 입시를 치르는 2028학년도 입시가 달라집니다. 고교학점제의 기본 취지는 학생의 진로에 따라 다양한 과목을 선택하는 제도입니다. 진로에 따른 과목 선택의 폭을 넓힌 현행(2015개정 교육과정) 교육과정보다 선택의 폭을 더 넓혀놓은 것인데요. 고교학점제 시행에 따라 새롭게 개편된 2022개정 교육과정은 학생들이 자신의 진로에 따라 원하는 과목을 선택해서 이수하고, 목표한 성취 수준에 도달했을 때 과목 이수를 인정합니다.

고교학점제 운영 프로세스

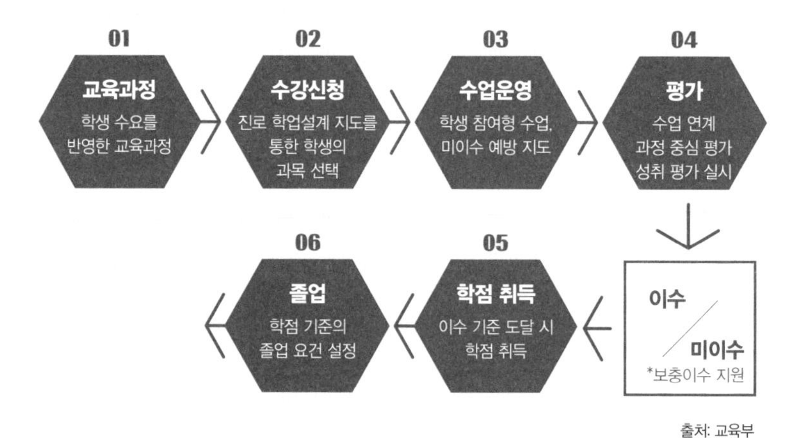

출처: 교육부

현행 교육과정에서는 학생이 성취한 등급에 상관없이 졸업을 할 수 있습니다. 쉽게 말해 9등급을 받아도 이수로 인정해 준 것입니다. 하지만 고교학점제가 시행되면 목표한 성취 수준에 충분히 도달했다고 판단되는 경우에만 과목 이수를 인정해 주고 졸업도 가능해집니다. 배움의 질을 보장할 수 있는 장점이 있지만 학생 입장에서는 과목 성적이 40점 미만인 경우 다시 수강해야 하고, 누적된 과목 이수 학점이 졸업 기준인 192학점에 이르렀을 때 졸업할 수 있습니다. 학사 졸업을 위한 학점을 채우면 졸업이 되는 대학과 같은 시스템이죠. 대학처럼 미이수 과목은 다음 학기 또는 다음 학년에 수강할 수 있습니다.

현행 고교 과목구조와 고교학점제 고교 과목구조 개편안

현행(2015 개정 교육과정) 2024학년도까지 시행		개편안(2022 개정 교육과정) 2025학년도부터 시행	
교과	과목	교과	과목
보통교과	공통과목	보통교과	공통과목
	일반선택		일반선택과목
	진로선택		융합선택과목
전문교과	전문교과 Ⅰ (심화교과)		진로선택과목
	전문교과 Ⅱ (직업과목)	전문교과	전문공통/전공일반/전공실무

출처: 교육부

고교학점제 시행에 따라 대학 입시도 달라지게 되었습니다. 2028학년도 대학 입시안의 골자는 고등학교 내신은 5등급 상대평가로 변경되고 선택과목은 원점수, 과목평균, 성취도, 수강자수가 표기되고 표준편차는 미표기됩니다. 지역 연계 공동 교육과정, 온라인 수업 등 학교 밖 과목 수강이 많아지고 학점으로 인정됩니다.

이에 따라 입시에서 고등학교 내신의 변별력은 약화될 전망이고, 학생부교과전형과 학생부종합전형이 통합될 가능성도 커졌습니다. 내신의 변별력이 약해지면 대학들은 내신 이외에 여러 평가 요소들을 추가할 수밖에 없기 때문입니다. 가령 내신 성적을 기본으로 수능최저기준을 높이거나 최소한의 학업 역량을 평가하기 위해 논술이나 구술면접 등 대학별 시험을 강화할 수도 있습니다. 학생부교과전형도 학생부종합전형처럼 교과내신과 비교과를 통합해 정성적으로 평가할 가능성도 커졌습니다.

2028학년 입시부터 수능은 선택과목을 없애 문이과 같은 과목으로 치르고 9등급 상대평가합니다. 수능 역시 현행 수능에 비해 변별력이 크게 떨어질 수밖에 없습니다. 우선 현행 수능의 선택과목인 미적분과 기하 과목이 사라졌고, 탐구과목도 선택없이 통합사회와 통합과학을 봐야 하기 때문입니다. 사실상 수능에서 어려운 과목들은 모두 빠졌고 수능이 일종의 자격고시화 되었다고 봐도 무방합니다. 상황이 이렇다 보니 상위권 대학은 수능 100%로 학생을 선발하지 않을 가능성이 높아졌습니다. 정시전형에서도 수능 성적을 기본으로 교과내신 혹은 학생부를 반영해 학생의 미적분이나 기하, 탐구과목 이수 여부와 성적을 살펴볼 가능성이 큽니다. 이미 서울대, 연세대, 고려대 등 최상위권 대학에서는 정시전형에서 수능 성적에 교과내신을 다양한 방법으로 반영하고 있습니다. 교과내신 반영뿐만 아니라 논술이나 구술면접 등 전형요소를 추가할 수도 있을 것입니다. 결론적으로 2028학년도 이후 대입은 내신, 수능, 논구술 등 모든 영역에서 다 잘해야 하는 어렵고 복잡한 상황이 되었다고 볼 수 있습니다.

3장

SEOUL
NATIONAL
UNIVERSITY

중학교 공부가 대학을 결정한다

3장

중3이 고3이다

초등학교 고학년에서 중학교까지의 공부 양과 학습 습관이 고등학교 성적으로 이어집니다. 특히 중학교는 초등학교와 달리 학교생활기록부에 성적이 표기되기 때문에 공부에 대해 진지한 태도가 생기고 좋은 고등학교에 진학하고 싶다는 희망을 갖기도 합니다. 중학교 성적은 대학 입시에 반영되지 않기 때문에 시험을 못 봤거나 학습 방법이나 태도에 시행착오가 있어도 허용됩니다. 물론 특목고나 자사고 진학이 목표인 아이들은 중학교 때 성적과 활동이 고등학교 입학 성적에 반영되기 때문에 잘 관리해야 합니다.

중학교에서 배우는 과목은 국어, 영어, 수학, 사회, 과학, 역사, 도덕, 기술가정, 정보, 음악, 미술, 체육입니다. 한자, 제2외국어, 진로, 환경은 선택과목으로 학교에 따라 다르게 개설되기도 합니다. 중학교 교과서는 학교마다 다른 출판사를 채택하기 때문에 학교 홈페이지를 통해서 출판사와 저자명을 미리 확인해 볼 수 있습니다. 따라서 주요과목 교과서는 진학 6개월 전부터 교과서를 구입해서 시간 날 때마다 읽어두면 좋습니다. 교과서는 '한국검인정교과서협회' 사이트에서 구입할 수 있습니다.

배정받을 학교의 홈페이지에서 학사 일정을 확인하고, 내신 기출문제를 통해 난이도와 출제 경향을 파악해 보는 것도 중학교 공부의 방향을 정하는 데 도움이 됩니다. 중학교 성적표기는 A~E까지 5단계 성취평가제를 적용하고 예술체육 교과는 3단계로 평가합니다. 성적은 중간고사와 기말고사 같은 지필평가와 수행평가를 합산해서 산출합니다. 성적표에는 지필평가와 수행평가의 반영 비율, 성취도, 수강자수, 원점수, 과목평균이 기재되고 전체 이수자 중에서 학생의 위치를 알 수 있는 표준편차는 기재하지 않습니다.

대학 입시에서 중학교 과정의 공부는 매우 중요한 의미를 가집니다. 본격적으로 경쟁이 시작되는 시기인 데다 이 시기 공부의 양과 습관이 고스란히 고등학교 성적으로 이어지기 때문입니다. 특히 기초 과목인 국어, 영어, 수학은 하루아침에 성적이 나오는 과목이 아니기 때문에 중학교 3학년까지 기본기가 완성되어야 합니다.

책상에 앉아 있는 습관, 학교 내신 시험 대비 플랜 짜기, 학기별 학습 목표, 연 단위 학습 목표를 설정하고 꾸준히 실천하는 습관이 이 시기에 체득되어야 합니다. 이런 것들이 중학교에서 준비되지 않았다면 고등학교에 올라가서 아무리 열심히 한들, 성적이 오르기는 쉽지 않습니다.

중학교 때는 실패해도 괜찮습니다. 아니 실패를 겪어야 자신이 무엇이 부족하고 무엇을 채워야 하는지 알게 되므로 실패는 자신을 객관적으로 파악하는 좋은 경험이 될 수 있습니다. 하지만 고등학교에서 보는 모든 시험과 활동은 곧 대학 입시 성적이 되는 만큼 시행착오를 줄여야 합니다. 중학교 공부에서 거의 모든 것을 겪어봐야 하는 이유가 바로 여기에 있습니다. 중학교 과정을 대학 입시를 위한 일종의 'pre' 과정으로 활용해야 합니다. 중학교 때 학교에서 했던 활동이 학교생활기록부에 어떻게 기재되는지도 살펴봐야 합니다. 성적 평가 방식에서 중학교와 고등학교가 어떻게 다른지 냉정하게 인식해야 고등학교에 올라갔을 때 당황하지 않으니까요.

중학교 내신 A등급에는 비밀이 있다

"저희 아이는 중학교 때까지는 공부를 꽤 했는데 고등학교에 와서 중위권으로 떨어졌어요."

아이를 고등학교에 보낸 엄마들이 가장 많이 하는 말입니다. 과연 그럴까요? 아이의 성적이 떨어진 것이 아니라 원래 이 성적이었던 건 아닐까요? 엄마들의 이런 생각은 중학교와 고등학교의 평가 방식이 다르기 때문에 일어나는 일종의 착시 혹은 착각입니다.

중학교 성적만으로는 아이의 실제 성적을 가늠하기 힘든 것이 현실입니다. 중학교 내신 5단계 절대평가는 원점수 100~90점 이상은 A등급, 90~80점 이상은 B등급, 80~70점 이상은 C등급 이와 같은 방식으로 성적을 산출합니다. 문제는 중학교 A등급 비율이 너무 많다는 것입니다. 학교별로 A등급을 받는 학생의 비율이 평균 40%가 넘다보니 사실상 실력 변별이 어렵습니다. 중학교에서 A등급을 받았던 아이가 고등학교에 진학해 보면 3~4등급까지 받기도 하니까요.

중학교 내신 성적 평가 방법

성취 수준	일반 교과	체육 예술 교과
A	90점 이상	80~100점
B	90~80점 이상	80~60점 미만
C	80~70점 이상	60점 미만
D	70~60점 이상	
E	60점 미만	

고교학점제 시행에 따라 고등학교 내신 5등급 체제하에서도 중학교 A등급이 고등학교에서 1등급부터 3등급까지 받게 되기 때문에 중학교 성적만 믿고 있으면 고등학교 때 크게 낭패를 볼 수도 있습니다. 물론 전 과목 A등급을 받은 아이가 고등학교에서 상위권 성적을 받을 확률이 높은 것은 사실입니다. 하지만 반드시 객관적으로 판단할 수 있는 방법으로 아이의 성적을 확인해 보는 것이 좋습니다.

특히 국어, 영어, 수학 과목은 아이가 다니는 중학교의 A등급 비율이 어느 정도 되는지 확인해 보는 게 좋습니다. 우선 중학교 과목별 내신 성적 2학년 1학기부터 3학년 2학기까지 4개 학기 평균 원점수 90점 이상이 A인지, 아니면 95점 이상 A등급인지 살펴봐야 합니다. 4개 학기 평균 점수가 95점에서 100점인 학생은 한 문제 정도 틀리거나 만점을 받는 실력이니까 고등학교에서도 1~2등급을 받을 가능성이 높습니다. 고등학교는 무조건 등급을 나누어야 하기 때문에 90점대 초반 성적이라면 실력에 빈틈이 있다고 판단해도 무리가 없습니다. 이 정도면 시험 때 2~3문제를 놓쳤을 가능성이 높은데, 그 문제가 고등학교에서 1등급을 가르는 고난이도 문제일 가능성이 높습니다. 이렇게 전 과목을 분석해 보면 아이의 실력을 어느 정도 가늠할 수 있습니다.

중학교별 중학교 내신 A등급 비율 예시(2023학년도)

학교명	과목	A등급 비율	평균
대청중학교(강남)	국어	67.0	89.1
	수학	50.1	83.7
	영어	53.4	84.9
내정중학교(분당)	국어	38.9	83.3
	수학	55.7	85.7
	영어	64.1	87.6

	국어	44.5	83.7
동탄중학교(동탄)	수학	45.9	81.3
	영어	47.9	81.4
	국어	76.7	92.5
대원국제중학교(서울)	수학	76.1	91.7
	영어	57.1	85.7
	국어	93.4	95.3
청심국제중학교(경기)	수학	50.9	88.5
	영어	75.5	92.5

출처: 학교알리미

고등학교 9등급제의 과목별 석차비율(현행)

비율/등급	1등급	2등급	3등급	4등급	5등급	6등급	7등급	8등급	9등급
등급별 비율	4%	7%	12%	17%	20%	17%	12%	7%	4%
누적 비율	4%	11%	23%	40%	60%	77%	89%	96%	100%

고등학교 5등급제의 과목별 석차비율(개편안: 2025학년도부터 시행)

비율/등급	1등급	2등급	3등급	4등급	5등급
등급별 비율	10%	24%	32%	24%	10%
누적비율	10%	34%	66%	90%	100%

출처: 교육부 2028 대입 개편안

우리 아이 국영수 실력 냉정하게 체크하는 법

학군지와 비학군지의 학력 격차가 심한 건 엄연한 현실입니다. 비학군지 중학교의 경우 내신의 난이도가 학군지에 비해 매우 낮은 경우가 많아 객관적인 실력을 판단하기가 어렵습니다. 실제로 비학군지 중학교에서 전교 1등을 도맡아 하던 아이가 학군지 고등학교로 진학해 전교 100~150등의 성적을 받은 경우도 있습니다. 그만큼 학교 간 학력 차이가 존재한다는 의미입니다. 비학군지 지역에서 전교권에 있는 아이 중에 특목고나 자사고에 지원하거나 학군지로 이사를 고려하는 경우가 많습니다. 비학군지 일반고의 면학 분위기가 너무 안 좋다는 인식이 지배적이기 때문이죠.

비학군지 엄마들은 학군지 아이들과 실력 차이가 얼마나 날지, 그리고 공부 분위기가 안 좋은 일반고 환경에서 아이 성적이 하향 평준화되지는 않을지 걱정입니다. 우리 아이가 학군지 아이들과 비교해 어느 정도 실력인지 확인하는 방법이 있습니다. 학군지 중학교의 내신 기출문제를 풀어보게 하는 것이죠. 내신 기출문제 사이트에서 아이가 다니는 학교와 인근 학교 그리고 강남권 중학교의 내신 문제를 풀어보게 하면 됩니다. 비학군지에서 학군지로 이사를 고려하고 있다면 이사하려는 지역의 중학교 내신 문제 출제 경향과 난이도를 반드시 분석해 보고 아이가 몇 점을 받는지 테스트를 해봐야 합니다. 테스트 결과 B~C등급(70~90점) 이하의 성적이 나온다면 학군지로 진입하는 걸 포기하는 게 앞으로 있을 대학 입시에서 유리할 수도 있습니다.

그 외에 전국연합 모의고사 기출문제를 풀어보는 것도 추천합니다. 중학교 성적을 가장 객관적으로 판단하는 방법은 전국연합시험, 즉 수능 모의고사를 보는 것입니다. 모의고사는 중학교 내신과는 다른 유형인 사고력 위주로 출제되기 때문에 고등학교 진학 이후에 내신과 수능 모의고사 성적을 가늠해 볼 수 있는 시험입니다. 고등학교 1학년이 3월에 치르는 모의고사는 중학교 전 범위에서 출제되는데, 중학교 과정 중 고교 학습과 연계성이 있는 부분을 주로 다룹니다. 이 모의고사 문제 풀이를 통해 중학교 과정에서 중요한 내용은 무엇이며, 어디에 중점을 두고 학습하면 좋을지도 파악해 볼 수도 있습니다. 고등과정을 선행하고 있는 아이라면 고등학교 1학년 3월 모의고사 기출문제를 풀어 본 후 6월~11월 모의고사 기출문제를 통해 선행학습의 성취도를 점검해 볼 수 있습니다.

간혹 아이가 다니는 학원에서 평가원이나 시도교육청 모의고사를 통해 성취도를 테스트하기도 하지만, 학원 자체에서 구성한 문제로 성취도를 평가하기도 합니다. 선행학습의 효용에 대한 논란이 많지만 현실적으로 선행학습을 하지 않은 중학생은 거의 없습니다. 문제는 진도를 나갔으니 안다고 생각하는 것입니다. 특히 선행을 많이 하는 대표적인 과목인 수학의 경우, 고등학교 1학년 과정인 수학(상)과 수학(하) 과정을 3회독, 5회독까지 돌린 아이들도 흔한데, 반복학습만 할 뿐 학습에 대한 성취도는 체크하지 않은 경우가 너무 많습니다. 또한 고등학교 1학년 과정까지 끝낸 아이들 중에는 모의고사나 성취도 평가에서 50~60점을 받고 다음 선행 과정을 나가기도 합니다. 심지어 과정에 대한 성취도 평가도 없이 계속 진도만 나가는 안타까운 상황도 많습니다. 얼마나 많이 진도를 나갔느냐가 중요한 게 아니라, 내용을 얼마나 완벽히 내 것으로 소화했느냐가 중요하다는 사실, 잊으면 안 됩니다.

중학교 내신 성적, 어떻게 받아들일까?

중학교 3학년 1학기를 마치면 고등학교 입시를 위한 중학교 내신 성적을 산출합니다. 교과 성적과 비교과활동, 출결을 200점 만점으로 산출하는 것이죠. 고등학교는 이 성적을 참고하여 학생의 우수성을 평가하는데요. 보통 고등학교는 신입생이 들어왔을 때 190점 이상 학생들이 몇 명이나 입학했는지에 따라 그해 입학 성적을 판단하는 기준으로 활용합니다. 입학 성적이 우수한 학교가 대학 입학 실적도 좋을 가능성이 높기 때문에 고등학교는 이 학생들을 유치하기 위해 설명회 등을 통해 학교 홍보에 열을 올리기도 합니다.

물론 중학교 성적 평가는 고등학교의 평가 방식과 다르기 때문에 이 성적이 그대로 고등학교 성적으로 이어진다는 보장은 없습니다. 중학교 내신 성적이 낮은 아이가 고등학교에 가서 전교권이 되는 경우도 있고, 190점 이상 높은 성적을 받은 아이가 고등학교에 가서 성적이 떨어지는 경우도 있습니다. 중학교는 전 과목을 100점 만점으로 하여 평균은 내는 방식이지만, 고등학교는 국어, 영어, 수학 등 시수가 높은 과목의 비중이 높기 때문에 중학교 성적이 절대적인 기준은 아닐 수 있습니다. 따라서 중학교 전체 내신 성적은 아이의 기본적인 학업 역량이나 학교생활의 성실성을 판단하는 지표 정도로 보면 됩니다.

중학교 때 쌓아놓아야 하는 필수 스펙

2022개정 교육과정이 시행되면 중학교 1학년 때 운영하던 자유학년제가 폐지됩니다. 이에 따라 중학교 1학년부터 학교 시험이 부활되었습니다. 자유학년제는 아이의 흥미와 적성에 따라 자유롭게 과목을 선택하고 다양한 방식으로 탐구하며 진로를 찾아보라는 취지로 운영되어 왔습니다. 고교학점제 시행 이후에는 자유학년제 때 시행하던 내용을 초등학교 6학년 2학기와 중학교 3학년 2학기 2개 학기로 나누어 상급학교 진학을 위한 진로 연계 학기로 운영합니다.

중학교 시기는 진로 탐색과 더불어 국어, 영어, 수학 등 주요 과목의 실력을 탄탄하게 다지는 시간으로 활용해야 합니다. 초등학교 때 공부를 잘할 수 있는 기본적인 성향이 형성된다면 중학교부터는 아이가 실제로 공부라는 '행위'를 해야 합니다. 공부하는 시간을 갖지 않고 머리로만 생각하거나 학원이나 인강 등 수업을 듣는 것만으로는 실력이 만들어질 수 없습니다.

고등학교는 실전입니다. 그러니 고등학교 때 수행할 수 있는 기술도 중학교 때 익혀두어야 합니다. 고등학교 과정에서 이러한 기술은 정말 중요한데요. 실제로 이러한 탐구 프로젝트 능력이 만들어지지 않아서 고등학교 때의 수행평가와 창의적 체험활동(비교과)에서 고전하는 아이들이 많습니다. 이는 곧 수시 학생부종합전형으로 대학에 갈 확률이 점점 떨어진다는 뜻이기도 합니다. 실제로 학생부종합전형으로 대학에 진학한 학생들 대부분은 워드 작업부터 파워포인트, 실험 설계, 보고서 작성, 동영상 편집, 프리젠테이션 기술을 필요로 하는 탐구 역량이 뛰어납니다. 따라서 중학교 때 수행 과제나 동아리활동 등 학교에서 진행하는 탐구활동을 통해 교과와 교과를 융합하고 도서를 활용하여 프로젝트 형식으로 문제를 해결하는 경험을 많이 쌓아놓아야 합니다.

중학교는 교과서 내용만 제대로 알아도 좋은 성적을 받을 수 있습니다. 우리나라의 교육과정은 초-중-고가 연계된 나선형 구조로 되어 있습니다. 따라서 각 학년에서 성실하게 공부했다면 다음 학년 공부가 쉽게 이해되고, 이를 확장시켜 나갈 수 있습니다. 그럼에도 불구하고 교과서 밖에서 힘을 빼는 아이들이 너무 많습니다. 의외로 선행학습을 하는 학생들 중에서 교과서를 읽지 않는 학생들이 많습니다. 초중고 12년 공부의 결산이라는 수능은 교과서에서 배운 개념만을 출제합니다. 대학에서 보는 논술 시험과 구술면접 시험도 선행학습 금지법에 의거해 교과서 안에서 배운 개념을 논서술형이나 문답형으로 출제하도록 법으로 정해놓았고요. 교과서와 학교 수업에 충실하지 않으면서 공부를 잘하는 아이는 없습니다. 대학 입시를 위해 우리가 배워야 할 모든 것은 교과서에 있습니다.

교과서 구성을 살펴보면 그 학년에서 다루는 핵심 개념이 있고, 그 개념들을 단원별로 나누어놓았습니다. '○○에 대해 안다' 등으로 나타내는 단원 목표는 단원의 핵심 개념을 의미합니다. 그 개념을 아는 것이 공부의 기본입니다. 따라서 학교 시험문제는 개념을 묻거나 활용하거나 융합하는 문제인 것이죠. 시중에서 판매하는 자습서와 참고서, 문제집도 교과서를 중심으로 확장 심화된 책들입니다. 그럼에도 교과서를 뒤로 한 채 참고서를 기준으로 문제집을 풀며 학원에 의존하는 경우가 너무도 많습니다. 교과서를 완전히 내 것으로 만드는 기본 중의 기본 학습은 중학교 때부터 시작해야 합니다. 중학교 3학년이나 고등학교 1학년 정도 되면 성적이 크게 변하지 않습니다. 아무리 공부해도 성적이 오르지 않는 아이들의 공부 방법을 들어보면 교과서 공부를 하지 않는 경우가 대부분입니다. 교과서 중심 공부를 최소한 중학교 1학년부터 시작해야 하는 이유가 여기에 있습니다. 중학교는 입시의 출발점이라고 해도 틀린 말이 아닙니다. 입시를 알면 학습동기가 생기고 공부의 방향이 보이니까요. 중학교 1학년은 입시까지 한참 남은 시기라고 생각하기 쉽지만, 그때부터 하는 공부가 대학 입학 성적을 만듭니다.

우리는 흔히 현실 파악이 안 되는 사람을 보며 '세상 물정을 모른다'고 말합니다. 입시에도 '물정'이 있습니다. 아이와 엄마가 이 입시 물정을 빨리 파악해야 현명하게 대비할 수 있습니다. 그 결정적인 것이 바로 시간을 확보하는 것인데요. 대부분의 아이들이 그것을 고등학교 2학년에 가서야 깨닫습니다. 그때는 이미 만회할 시간이 너무 부족해지죠.

당연한 말이지만 공부를 잘해야 대학에 잘 갈 수 있습니다. 문제는 공부를 잘하기가 쉽지 않다는 것이죠. 중학교 1~2학년 때는 사춘기와 맞물려 공부를 두고 엄마와 갈등이 커지기도 합니다. 물론 아이에 대한 욕심이 없는 엄마는 없습니다. 그런 마음 때문에 아이의 공부 태도나 성적, 진로에 대한 의견 차이로 아이와의 사이가 멀어진 엄마가 많은데, 이때는 가능하면 아이에게 져주는 것이 좋습니다. 갱년기 때 보상받는다고 생각하면 마음이 편합니다. 그 무섭다는 '중2병', 끝나지 않을 것 같은 아슬아슬한 사춘기를 잘 지나고 나면 신기하게도 철이 든 아이를 보게 될 테니, 그때까지만 엄마가 져준다고 생각하면 아이와의 관계 형성도, 엄마의 마음도 잘 정돈됩니다.

4장

SEOUL
NATIONAL
UNIVERSITY

예비 고1 엄마의 고등학교 따라잡기

예비 고1, 무엇을 준비할까?

중학교에서 고등학교 들어가기 전 한 학년이 더 있습니다. 바로 '예비 고1'입니다. 대학 들어가기가 너무 어렵고 복잡하다 보니 미리 남보다 빨리 고등학교 입학과 진학 이후를 준비한다는 의미로 생겨난 말이라고 할 수 있습니다. 예비 고1은 보통 중학교 3학년 때 고등학교 진학 준비를 하는 기간을 지칭하지만 요즘에는 중학교 3년 전 기간을 예비 고1이라고 부르는 분위기도 있습니다. 최소한 중학교 2학년 겨울방학부터는 예비 고1이라고 생각하고 고등학교 진학 준비에 필요한 것들을 체크해야 합니다. 아이의 고등학교 입학을 앞두고 엄마가 가장 궁금한 것은 어떤 고등학교에 진학해야 할지, 고등학교 진학 후 내신 성적은 잘 받을 수 있을지 같은 문제들입니다. 준비되지 않은 상태에서 고등학교에 진학했을 때 리스크가 너무 크기 때문입니다. 예비 고1 시기에 엄마가 꼭 알아야 할 것들을 정리해 보겠습니다.

일반고, 특목고, 자사고의 교육과정, 뭐가 다를까?

고등학교를 선택할 때 아이의 실력을 체크하는 것만큼이나 중요한 것이 있습니다. 바로 아이의 성향이죠. 내신과 모의고사, 비교과활동까지 다 잘하는 아이는 어떤 고등학교에 가도 잘하고 좋은 결과를 낼 수 있습니다. 그러나 이렇게 입시에서 꽃놀이패를 쥔 아이는 한 학교에 몇 명밖에 없습니다. 강점과 약점이 분명히 보이는 아이일수록 고등학교를 선택할 때 심혈을 기울여야 합니다. 어느 학교에서 공부하는지에 따라 입시 결과가 달라질 수 있기 때문입니다.

일반고는 가장 많은 아이들이 진학하는 학교입니다. 고등학교 선택을 고민하는 중학교 3학년은 현재의 입시만을 볼 게 아니라 3년 후 대학 입시 제도를 살펴봐야 합니다. 우리나라 대학 입시는 3년 예고제를 취하고 있기 때문에 아이가 대학에 진학하기 3년 전에 대학 입시 기본계획안이 발표됩니다. 2025년에 고등학교 1학년이 되는 현재 중학교 3학년이 대학에 진학하는 해는 2028년도이고, 이를 '2028 대입'이라고 통칭합니다. 현재 중학교 3학년이 대학에 진학하는 2028 대학 입시는 고교학점제 체제로 공부한 학생들이 처음 졸업하고 대학에 가는 해입니다. 이에 따라 2028 대입 개편안은 2023년 12월에 확정되었습니다.

항상 입시 제도가 변할 때마다 특목고나 자사고가 유리할지, 일반고가 유리할지 셈이 복잡해집니다. 그렇다면 고등학교에 따라 왜 입시 유불리가 발생할까요? 핵심은 고등학교 교육과정에 있습니다. 예비 고1 엄마라면 고등학교 유형별로 교육과정에 어떤 특징이 있고, 어떤 과목이 어떻게 구성되어 있는지 읽을 수 있어야 합니다. 또 그 교육과정이 입시 전형별로 어떻게 적용되는지도 파악하고 있어야 합니다.

특목고, 자사고, 일반고 등 고등학교 유형이 달라지는 것은 고등학교 3년간 아이들이 이수해야 할 과목의 구성이 다르기 때문입니다. 외국어고, 국제고, 과학고 등 특목고의 교육과정은 해당 계열에 필요한 전문과목을 72단위 이상 필수로 이수해야 하기 때문에 전공적합성에 높은 점수를 주는 학생부종합전형에서 선호합니다. 반면에 주로 일반선택으로 구성된 수능과목에 집중하기는 어려운 구조이기 때문에 학교 수업만으로 수능을 대비하는 것은 어려울 수 있습니다.

또 하나는 고등학교에 성적이 우수한 학생이 얼마나 되는지에 따라 유불리가 생깁니다. 고등학교 유형에 따라 입시에서 유불리는 언제나 존재했습니다. 사실 학교 유형별 유불리는 대부분의 엄마들이 파악하고 있습니다. 문제는 내 아이의 실력과 성향을 정확하게 파악하지 못하는 경우가 더 많다는 점입니다. 때문에 엄마는 아이의 강점과 약점을 파악한 후에 내 아이에게 꼭 맞는 고등학교를 선택해야 합니다.

고등학교는 과학고와 외국어고 등 특수목적 인재 양성을 표방하는 특목고, 교육과정의 자율성을 강화한 자사고(자공고)가 있고, 일반고가 있습니다. 설립 목적이 다른 만큼 교육과정도 다를 수밖에 없습니다. 이를 바탕으로 3년 후 입시 제도는 어떻게 변할지를 기본으로 아이의 성향과 실력을 객관적으로 파악하는 것이 성공적인 입시로 가는 지름길입니다.

현재(2025개정 교육과정) 기준 고등학교 졸업 자격이 주어지는 총 이수단위는 204점입니다. 일반고의 경우 필수 교과는 94단위, 자율편성은 86단위, 창의적 체험활동은 24단위로 구성되어 있습니다. 설립 주체에 따라 자사고, 자공고로 나뉘는 자율고 역시 법령으로는 일반고에 해당되는 만큼 이수단위 구성은 일반고와 동일합니다.

외국어고, 과학고, 국제고, 예체능고 등은 특목고에 해당됩니다. 이들 학교는 분야별 특수한 인재를 양성한다는 목표로 설립된 학교인 만큼 교육과정상 전문교과 편성을 일정 비율 할당하고 있습니다. 외국어고의 경우 전공 관련 전문교과Ⅰ을 72단위 이상 이수해야 하고, 전문교과 편성 시 전공 외국어를 포함한 2개 국어를 편성하되 전공 외국어 비율은 60% 이상이어야 합니다. 국제고도 전문교과Ⅰ의 외국어계열 과목 및 국제계열 과목을 72단위 이상 이수해야 하고 국제계열 과목은 50% 이상 편성하도록 되어 있습니다. 과학고 역시 수학과 과학 등 전공 관련 과목들을 72단위 이상 이수하도록 되어 있고, 예체고도 전공 관련 전문교과가 72단위 이상 이수하도록 편성되어 있습니다.

과학고, 외국어고 등 특목고 진학을 염두해 두고 있다면 가장 먼저 고려해야 하는 것이 전공 관련 과목의 역량입니다. 과학고는 수학과 과학, 외국어고는 영어와 전공 외국어, 예체고와 국제고 역시 전공 관련 과목에서 아이가 두각을 드러낼 수 있는지 객관적으로 살펴야 합니다.

고교 유형별 교과 이수단위 (현행 교육과정 기준)

<table>
<tr><th rowspan="2">고교
유형</th><th colspan="2">교과</th><th rowspan="2">교과 편성 시 보통교과, 전문교과 Ⅰ,
전문교과 Ⅱ 할당 지침</th><th rowspan="2">창의적
체험활동</th><th rowspan="2">총 이수
단위</th></tr>
<tr><th>필수</th><th>자율
편성</th></tr>
<tr><td>일반고</td><td>94</td><td>86</td><td></td><td rowspan="2">24</td><td rowspan="2">204</td></tr>
<tr><td>자율형
사립고</td><td>94</td><td>86</td><td></td></tr>
<tr><td>자율형
공립고</td><td>94</td><td>86</td><td></td><td rowspan="7">24</td><td rowspan="7">204</td></tr>
<tr><td>외국어고</td><td>94</td><td>86</td><td>①보통교과: 85단위 이상
②전공 관련 전문교과 Ⅰ: 72단위 이상
전문교과 편성 시 전공, 외국어를 포함한 2개 외국어로 편성
(전공 외국어 60% 이상)</td></tr>
<tr><td>국제고</td><td>94</td><td>86</td><td>①보통교과: 85단위 이상
②전문교과 Ⅰ 의 외국어계열 과목 및 국제계열과목: 72단위 이상
(국제계열 과목 50% 이상 편성)</td></tr>
<tr><td>과학고</td><td>94</td><td>86</td><td>①보통교과: 85단위 이상
②전공 관련 전문교과 Ⅰ: 72단위 이상</td></tr>
<tr><td>예체고</td><td>94</td><td>86</td><td>①보통교과: 85단위 이상
②전공 관련 전문교과 Ⅰ: 72단위 이상</td></tr>
<tr><td>마이스터고</td><td>152</td><td>28</td><td>①보통교과: 66단위 이상
②전문교과Ⅱ: 86단위 이상</td></tr>
<tr><td>특성화고
(직업)</td><td>152</td><td>28</td><td>①보통교과: 66단위 이상
②전문교과Ⅱ: 86단위 이상</td></tr>
<tr><td>특성화고
(대안)</td><td colspan="5">학교의 설립 목적 및 특성에 따라 자율적으로 교육과정 편성 및 운영 가능</td></tr>
</table>

특목고에서 배우는 전문과목

계열	전문과목
과학계열	심화 수학 Ⅰ, 심화 수학 Ⅱ, 고급 수학 Ⅰ, 고급 수학 Ⅱ, 고급 물리학, 고급 화학, 고급 생명과학, 고급 지구과학, 물리학 실험, 화학 실험, 생명과학 실험, 지구과학실험, 정보과학, 융합 과학탐구, 과학과제 연구, 생태와 환경
외국어계열	심화 영어 회화 Ⅰ, 심화 영어 회화 Ⅱ, 심화 영어 Ⅰ, 심화 영어 Ⅱ, 심화 영어 독해 Ⅰ, 전공 기초 독일어 등
국제계열	국제정치, 국제경제, 국제법, 지역 이해, 한국 사회의 이해, 비교문화, 세계 문제와 미래 사회, 국제 관계와 국제 기구, 현대 세계의 변화, 사회 탐구 방법, 사회과제 연구
체육계열	스포츠 개론, 체육과 진로 탐구, 체육 지도법, 육상 운동, 체조 운동, 수상 운동, 개인 · 대인 운동 등
예술계열	음악이론, 음악사, 시창 · 청음, 음악 전공 실기, 합창, 합주, 공연실습, 미술 이론, 미술사, 드로잉 등

전문교과Ⅱ
: 국가직무능력표준(NCS)과 연계된 17개 교과(군) 47개 기준학과에 따라 전문공통과목, 기초과목, 실무과목으로 구분.
(특성화 고등학교와 산업수요 맞춤형 고등학교 대상 교과)

대학 문 '확' 넓혀주는 고등학교 어떻게 찾을까?

고등학교 선택을 고민하는 이유는 학생부 중심 전형의 핵심 평가 요소인 내신에서 유리한 고지를 점할 수 있는지 여부 때문입니다. 수능 중심의 정시전형만 생각한다면 무조건 면학 분위기 좋은 학교로 진학하는 것이 답입니다. 하지만 현재 입시 제도는 상위권 대학의 학생부 중심의 교과전형과 종합전형의 비중이 높은 만큼 내신의 유불리를 무시하기가 쉽지 않습니다. 그렇다보니 많은 학부모님들이 "내신 따기 쉬운 학교는 어디인가요?"라고 질문합니다. 현재 고등학생 기준 일반고에서 내신 2점대에서 3점대 초반은 되어야 인서울 대학에 지원 또는 합격이 가능합니다. 한 학교에 1등급대 학생은 사실상 10명 미만인 경우가 대부분이고, 2등급대 내신이라면 전교에서 10% 안에는 들어야 하는 성적입니다.

교과 내신 성적을 정량적으로 평가하는 학생부교과전형에서는 일반고 학생들이 확실히 유리합니다. 고교학점제 시행 이후에는 교과전형의 양상이 달라질 것으로 예상되지만 현재 고등학교 1학년까지는 그렇습니다. 상위권 대학에서 학생부교과전형의 선발 인원을 늘렸기 때문에 일반고, 특히 비학군지 일반고의 상위권 학생들은 교과전형에 주목해야 합니다. 교과전형은 주로 학교 추천 전형으로 대학별로 추천 인원을 주기 때문입니다. 특목고나 자사고 학생은 내신에서 상대적으로 불리한 교과전형을 거의 지원하지 않습니다. 교과전형에 가장 유리한 학생은 상대적으로 내신 따기 유리한 지방이나 비학군지 일반고의 최상위권 학생입니다.

학생부종합전형은 특목고와 자사고 3~5등급 그리고 일반고 1~3등급대 내신과 비교과활동이 우수한 학생이 주로 지원하는 전형입니다. 학교생활기록부상 교과 성적과 비교과활동을 종합하여 정성적으로 평가하기 때문에 내신 등급 외에 전공 관련 과목 이수 여부, 과목별 세부능력 및 특기사항(일명 세특), 인성적인 측면까지 다면적으로 면밀하게 들여다봅니다. 특목고나 자사고의 3~4등급이 서울대에 합격하고, 일반고 1등급이 불합격하는 상황이 발생하는 것도 이 모든 사항을 종합적으로 고려하여 평가하기 때문이죠.

차별화된 교육과정, 비교과활동의 심화 수준 측면에서 특목고 학생이 종합전형에서 유리한 건 사실입니다. 특목고 학생들 대다수가 3학년까지 학생부종합전형을 놓지 않기 때문입니다.

어떤 유형의 고등학교에 다니는지에 따라 3년 후 아이의 입시가 달라집니다. 따라서 고등학교 유형에 따라 주력할 전형이 달라질 수밖에 없습니다. 특목고에서는 기본적으로 학생부종합전형으로 대학 입시를 준비합니다. 이들 고등학교는 교육과정 자체가 수과학, 외국어, 국제 분야의 인재 양성을 목표로 교육과정이 짜여 있습니다. 진로와 적성에 맞는 심층 탐구 역량을 정성적으로 평가하는 학생부종합전형에 최적화되어 있는 교육과정이라고 할 수 있죠. 실제로 특목고 학생들은 80% 이상이 학생부종합전형으로 대학에 진학합니다. 특목고 진학을 생각하는 학생은 전공 관련 과목 역량이 확실히 뛰어나야만 내신에서 좋은 성적을 받을 수 있습니다. 따라서 수학과 과학이 약한 학생이 영재고나 과학고에 진학하거나, 영어 역량이 약한 학생이 외고에 진학할 경우 내신에서 등급을 받기가 어려워지고 대학 입시에서 길을 잃을 수도 있습니다.

또한 특목고는 학생부종합전형 중심 학교이기 때문에 글쓰기, 발표, 토론 등 프로젝트를 해야 할 상황이 상대적으로 많습니다. 그러니 탐구 프로젝트 역량이 뒷받침되지 못한 학생들은 스트레스를 받을 가능성이 높죠. 중학교 3학년을 대상으로 하는 특목고 선발 과정에서 진로와 관련한 학습과정과 협업 능력 등을 서류와 면접을 통해서 평가하는 이유입니다.

자사고는 교육과정 편성이 일반고에 비해 자율권이 주어집니다. 공교육 강화 방안으로 일반고도 교육과정의 자율권이 확대되었기 때문에 자사고의 교육과정이 일반고와 크게 다르지는 않습니다. 다만 자사고에는 우수한 학생들이 많아서 경쟁이 치열하고 내신을 받기가 어렵습니다. 모든 학생이 공부하는 분위기이기 때문에 면학 분위기가 좋고, 우수한 학생들과 팀프로젝트 같은 탐구 활동을 하면서 학문적인 깊이를 경험할 수 있는 장점이 있습니다.

자사고의 경우 대학 입시 결과를 기준으로 살펴보면 하나고와 민사고처럼 학생부종합전형 중심의 학교가 있고, 상산고처럼 수능 중심의 정시형 학교가 있습니다. 외대부고는 수시와 정시를 균형 있게 준비하고 진학하는 학교입니다. 전형별 대학 진학률을 중심으로 학교 특성을 잘 파악하고 고등학교를 선택해야 합니다.

하지만 고등학교를 선택할 때 무엇보다 중요한 것은 아이의 성향을 살피는 일입니다. 자사고에 맞는 아이가 있고, 맞지 않는 아이가 있습니다. 전국 대부분의 자사고는 누구나 가고 싶은 학교이고, 그 학교의 졸업장이 아이의 인생에 주는 영향도 무시할 수 없는 것이 사실입니다. 하지만 더 중요한 것은 대학을 잘 가는 것이죠. 아이의 성향을 무시한 채 입시 결과만을 기준으로 고등학교를 선택해서는 3년 후 대학 입시에서 낭패를 볼 수 있으니 아이와 충분히 상의한 뒤 고등학교를 선택해야 합니다.

고교블라인드의 역설,
블라인드라서 더 튀는 학교가 있다

2021학년도 대학 입시부터 지원한 학생의 고등학교를 알 수 없도록 하는 고교블라인드 제도를 시행하고 있습니다. 고교블라인드가 시행되기 전에는 대학에서 학생의 소속 고등학교를 알 수 있었기 때문에 서류상 드러나는 성적이나 활동 외에 '학교' 자체를 감안해서 평가하는 경향이 있었습니다. 그러다보니 우수 명문고 학생들은 상대적으로 낮은 내신에도 대학에 합격하는 경우가 있었죠. '○○고등학교니까 그럴 수 있지'라고 암묵적으로 인정하는 분위기가 없지 않았던 겁니다. 이런 부작용 때문에 대학 입시 공정화 방안의 일환으로 실시한 것이 고교블라인드입니다. 고교블라인드 시행으로 학생에 대한 배경이 사라지고 오직 학생이 제출한 서류에 적힌 성적과 활동만으로 학생을 평가해야만 합니다. 고교블라인드가 시행되면서 입학 성적이 우수한 고등학교, 이른바 '갓반고'에 진학하면 교과 내신이 불리해진다며 전략적으로 내신받기 쉬운 학교에 지원하는 흐름도 생겼습니다.

학교생활기록부 블라인드 적용 항목

학교생활기록부	블라인드 항목
인적사항	학교 코드, 수험생 이름, 주민번호 등
학적사항	중고등학교명(전출입 여부는 기록)
수상 경력, 창의적 체험활동, 봉사활동 실적, 교과학습 및 발달 상황	고교명이 기재된 모든 사항 등
행동 특성 및 종합 의견	고교명이 기재된 모든 상황, 부모 친인척 정보 등

고교블라인드는 소속 학교를 알 수 없도록 한 제도지만 학생이 고등학교 재학 기간 중에 이수했던 과목명과 과목 평균 그리고 표준편차가 학교생활기록부에 기재되어 있기 때문에 서류를 평가하는 대학의 입장에서는 학교 유형과 학력 수준을 어느 정도 판단할 수 있습니다. 특히 표준편차는 그 학교 학생들의 성적편차를 보여주는 지표인데요. 우수한 학생이 적은 학교는 표준편차가 벌어지

고, 우수한 학생이 많은 학교는 표준편차가 좁게 나옵니다. 대학은 이 수치를 보고 학교의 학력분포나 수준을 판단하기도 합니다. 표준편차가 크게 벌어진 학교에서 우수한 성적을 받은 학생과 경쟁이 치열해 표준편차가 좁은 학교에서 우수한 성적을 받은 학생은 다르다고 판단할 수 있기 때문입니다.

표준편차를 보면 학교의 면학 분위기도 보입니다. 어느 학교든지 최상위권의 실력은 우수하다고 볼 수 있지만, 공부하는 학생이 많은 학교와 적은 학교, 상위권의 분포가 두터운 학교와 얇은 학교는 있을 수 있습니다. 그렇다면 이러한 특징은 어떻게 파악할 수 있을까요? 학교알리미에 공시된 각 과목별 표준편차를 보면 그 학교의 학생들 간의 실력 격차를 알 수 있습니다. 과목의 표준편차가 클수록 학생들 간 격차가 크다는 것을 의미합니다. 지원하고자 하는 학교의 표준편차와 과목 평균을 살펴보면 그 학교에 우수한 아이들의 비율과 면학 분위기를 어느 정도 짐작할 수 있기 때문에 고등학교를 선택하기 전에 염두에 둔 몇몇 학교의 표준편차를 반드시 비교해 보길 추천합니다.

고교별 수학 과목 표준편차 예시(2023학년도 1학년)

고등학교명	표준편차	평균
숙명여고(서울 강남)	11.2	75.5
노원고(서울 노원)	20.8	60.0

성수고(서울 성동)	19.6	59.7
낙생고(성남 분당)	16.3	66.2
동탄중앙고(화성 동탄)	17.4	62.6
천안고(충남 천안)	26.5	62.2
경기외고(경기 특목)	8.9	79.0
외대부고(경기 자사)	6.2	87.2
대원외고(서울 자사)	4.9	89.6

출처: 학교알리미

지역별로 몇몇 고등학교의 수학 과목 표준편차를 비교해 보았습니다. 한눈에 보기에도 같은 일반고라도 진학률이 높은 강남 지역의 표준편차가 좁은 것을 확인할 수 있습니다. 전국에서 서울대 진학률이 가장 높은 외대부고와 대원외고의 표준편차와 비교해 보면 학교의 우수 학생 편차와 분위기를 짐작해 볼 수 있습니다.

과목 평균도 높고 표준편차도 높으면 시험이 쉽다는 의미로, 노력하면 등급을 올릴 수 있는 가능성이 높은 학교라는 뜻입니다. 평균은 높지만 표준편차가 낮은 경우 공부를 열심히 하는 학생이 많은 학교, 평균은 낮지만 표준편차가 높은 학교는 학생들 간의 실력 격차가 심하다는 의미로 소수의 최상위권 학생이 독식하는 구조라고 볼 수 있습니다. 평균도 낮고 표준편차도 낮은 경우는 시험이 어렵고 경쟁이 치열한 환경임을 짐작해 볼 수 있습니다.

학교생활기록부 교과 항목란에 표기된 과목 표준편차 외에 대학에서 학교의 유형을 알 수 있는 것은 학생의 전문과목 이수 현황입니다. 특목고는 전문과목을 필수과목으로 이수하고 이를 상대평가하기 때문에 사실상 고교블라인드의 효과가 거의 없습니다. 특정 고등학교 이름까지는 알 수 없지만 고등학교 유형은 확실하게 알 수 있으니까요. 전문과목을 상대평가했다면 특목고이기 때문입니다. 일반고나 자사고에서도 특목고 과목인 전문과목을 이수할 수 있습니다. 정규과목 이외에 주문형 강좌나 지역공동 교육과정을 개설해 필요한 학생들이 과목을 이수할 수 있도록 편성해 놓기도 하기 때문입니다.

하지만 일반고에서 전문과목을 이수할 때는 절대평가나 패스(P)나 패일(F)로 평가하기 때문에 이수과목으로 학교 유형의 변별이 가능합니다. 상황이 이렇다 보니 고교블라인드 시행 초기에 서울대 기준 특목고 학생의 합격률이 오히려 상승했습니다. 특목고가 아닌 일반고 간의 비교에서는 고교블라인드의 효과가 있을 수 있습니다. 고교블라인드는 일반고 공정화 강화 방안의 일환으로 시작된 제도지만 결과적으로 특목고 학생들에게 유리해진 측면이 있다는 것도 부정할 수는 없습니다.

수시비율 vs 정시비율, 진학률로 고등학교 뜯어보기

고등학교를 선택할 때 꼭 살펴봐야 할 것은 지원할 학교의 수시전형과 정시전형의 진학 비율입니다. 고등학교 3학년 교실에서 9월 수시 원서 접수 기간에 몇 명이나 학생부종합전형으로 원서를 쓸까요? 학군지의 경우 한 반 인원이 25명이라고 가정했을 때 5명에서 많아야 10명이 학생부종합전형에 지원합니다. 나머지 15명에서 20명은 수시전형 6장의 카드를 버릴 수 없기 때문에 논술전형에 지원하고, 이후 수능 위주의 정시전형에 올인하는 것이 일반적인 모습입니다. 고등학교에 진학할 때는 모두가 학생부종합전형으로 대학에 가겠다고 생각합니다. 어떤 고등학교를 선택할지 고민하는 이유이기도 하죠. 학교에서 주최하는 설명회에 참여해 학교 프로그램을 면밀하게 파악하는 것도 학생부종합전형으로 대학에 갈 수 있는지 보기 위해서입니다.

고등학교의 대학 진학률을 볼 때 학교의 수시전형 합격률과 정시전형 합격률의 비율이 얼마나 되는지 살펴보는 것은 의미가 있습니다. 대학 입시 결과는 매년 달라지기 때문에 3개년 정도의 입시 결과를 살펴보면 그 학교의 입시 경향이 보이고 우리 아이가 어떤 전형으로 대학에 진학할지도 어느 정도 가늠해 볼 수 있습니다. 흔히 수시 학생부종합전형은 학교의 성적, 정시전형은 학생의 성적이라고 말합니다. 학생부종합전형의 합격 비율이 높은 학교는 수시에 대비한 학교 프로그램이 우수하고, 최근에 중요성이 커진 과목별 세특을 잘 써주는 학교일 가능성이 큽니다. 전공과 연계한 전문과목이 개설되어 있는 특목고가 대표적으로 그렇습니다.

일반고에서도 최상위권 학생들은 학생부교과전형과 학생부종합전형 중심으로 대부분 합격합니다. 그러나 중상위권 이하의 학생들을 정시전형으로 얼마나 합격시키는지가 그 학교의 역량이라고 할 수 있습니다. 일반고 중에는 전교권 학생이 학생부종합전형이나 학생부교과전형으로 합격하고 나면 정시전형에서 합격자가 거의 나오지 않는 학교들이 많습니다. 또 학력이 매우 떨어지는 일반고에서는 전교 1~2등인 학생이 수능최저 학력기준을 충족하지 못해서 불합격하는 경우도 실제로 많이 일어납니다. 그래서 고등학교를 선택할 때 수시전형 비율, 그중에서도 학생부종합전형과 학생부교과전형의 합격률과 정시전형과 논술전형 비율을 살펴보면 우리 아이가 이 학교에 진학했을 때 어떤 전형으로 대학에 가야 하는지에 대한 전략을 세울 수 있습니다.

학생부 중심 전형으로 대학에 진학하는 비율이 높은 학교를 보통 학종형 학교, 수능으로 진학하는 비율이 높으면 수능형 학교라고 일컫습니다. 수능형 학교는 상위권 학생의 분포가 두텁습니다. 우수한 학생이 많은 만큼 내신 경쟁이 치열하고 좋은 등급을 받는 학생은 제한적일 수밖에 없습니다. 1~2등급 학생들은 학생부종합전형으로 고등학교 3학년까지 가져가는 경우가 많고, 3등급 이하 학생들은 수시 논술전형과 정시 수능으로 올인하는 경우가 대부분입니다. 실제로 수능형 학교의 전형별 합격 비율은 수능 〉 논술 〉 학종 〉 교과순으로 나타납니다. 정시형 학교는 면학 분위기가 좋기 때문에 고등학교 지원 시점에서부터 수능 위주의 입시 전략을 세우고 진학하는 학생도 많습니다.

학종형 학교는 대개 두 가지 유형이 있습니다. 특목고와 비학군지 일반고가 그것인데요. 특목고는 5~6등급까지도 학생부종합전형으로 입시를 준비하고, 실제로 인서울 상위권 대학에 합격하기도 합니다. 비학군지 일반고는 1등급대 학생이 주로 학생부종합전형을 준비하기 때문에 그 인원이 매우 적습니다. 전문성과 심화성을 갖춘 특목고 학생들이 지원하는 상위권 대학 학생부종합전형은 보통 수능최저기준을 적용하지 않는 경우가 많기 때문에 입시에서 이 학생들의 변별력은 학교생활기록부와 면접에서 나옵니다. 비학군지 일반고는 상위권 학생의 분포가 워낙 얇기 때문에 학교의 많은 프로그램이 이 학생들을 위해 돌아간다고 해도 틀린 말이 아닙니다. 한마디로 갈 만한 학생에게 몰아주는 분위기죠. 이 학교 1~2등급은 상위권 대학 학생부종합전형이나 학생부교과전형을 목표로 주력합니다. 보통 지역 균형이나 학교 추천 전형으로 진학하는 경우가 많은데, 이 학생들의 당락은 수능최저기준 충족 여부에 따라 달라집니다.

서울대 정시교과 반영 확대가 불러올 파급 효과

서울대가 2023입시부터 정시전형에서 교과내신을 반영하고 있습니다. 정시에서도 수능 100% 전형을 폐지하고 지역균형전형을 신설해 수능 60%+교과 성적 40%를 반영하고, 일반전형은 수능 80%+교과 성적 20%로 선발합니다. 서울대의 정시전형 교과내신 방법을 보면 진로나 전공에 따른 학교생활기록부 성적과 활동이 얼마나 중요한지 알 수 있습니다. 서울대 교과 성적 반영 기준은 전공연계과목 이수 여부, 전공 관련 과목의 성적, 과목별 세부능력 및 특기사항 이 세 가지를 기준으로 복수의 입학사정관이 ABC로 평가한 평균으로 교과 성적을 반영합니다.

평가는 9등급 상대평가가 아닌 절대평가로 ABC 3단계 종합평가입니다. 매우 유연한 구조죠. A(10점) 〉 B(6점) 〉 C(0점) 3단계로 평가하며, 평가항목은 학교생활기록부의 ①교과이수 현황, ②교과 학업성적, ③세부능력 및 특기사항만 반영하여 모집단위 관련 학문 분야에 필요한 교과이수 및 학업 수행의 충실도를 평가합니다. 교과평가에서는 지역균형은 40점 중에서 30점, 일반전형은 20점 중에서 15점의 기본점수가 부여됩니다. 서울대가 정시에서 반영하겠다는 교과평가는 학생부종합전형에서와 마찬가지로 전공모집단위에 맞는 과목을 이수했는지, 그 성취도는 어느 정도인지, 교과 수업 시간에 어떤 활동을 했는지를 종합해 정성적으로 평가하는 것입니다.

전형 유형	수시	정시
전형 요소	1단계: 서류 100 2단계: 면접	수능 60+교과 40(지균): 기본점수 30 수능 80+교과 20(일반): 기본점수 15
지원	2명 추천	2명 추천(졸업생 가능)
모집 학과(계열)	전 모집 단위	일부 학과 제외

정시전형에서의 교과내신 반영은 어떤 의미를 가질까요? 일반적으로 학생부 경쟁력이 약할 때 정시에 올인하는 경우가 많은데

서울대의 교과내신 반영으로 이런 결정이 쉽지 않을 수도 있습니다. 정시의 경우 1~2점으로 당락이 결정되는 구조이다 보니 만약 해당 년도에 수능이 쉽게 출제되어 변별력이 낮아진다면 교과 변별력은 높아질 수밖에 없기 때문에 교과의 영향을 결코 무시할 수 없습니다.

하지만 다행인 것은 서울대 정시 교과평가가 수시 학생부종합전형처럼 정량적으로 평가하지 않는다는 점입니다. 교과이수, 성적, 세특 내용을 종합해 정성적으로 평가하는 만큼 진로맞춤 교육과정을 운영하고 교과 세특의 내실 있는 기록이 중요하다고 볼 수 있습니다.

서울대가 이렇게 정시에 교과내신을 반영하는 이유는 내신을 포기하고 정시에만 집중하는 학생보다 학교생활에 끝까지 최선을 다하는 학생을 선발하겠다는 의미로 해석됩니다. 최근에 서울대는 2028학년도 대학 입시에서 수능 위주의 정시 전형을 대폭 축소하고 정시전형에서 학생부 반영 비율을 더욱 높이는 방안을 추진하겠다고 밝혔습니다. 수시전형에서 학교생활기록부를 바탕으로 한 학생부 중심으로 선발하겠다는 의지를 천명한 것이죠. 수능 변별력이 약해진 상황에서 어느 정도 예상되었던 부분이기도 합니다. 서울대를 시작으로 다른 대학들도 학생부 반영을 높일 가능성이 커졌다고 할 수 있습니다.

고등학교 학교설명회에서 진짜 정보 찾아내는 법

선발형 고등학교는 이르면 5월부터 7월에 설명회를 시작하고, 10월부터는 거의 모든 선발형 학교들이 학교설명회를 진행합니다. 최근에는 일반고도 상위권 학생들을 유치하기 위해 설명회를 진행합니다. 고등학교 설명회에서 다루는 주된 내용은 학교의 대학 입시 전략입니다. 어떤 교육과정을 통해서 아이들이 어떻게 꿈을 찾고 관련 활동을 이어나갈 수 있는지를 소개하는 것이죠. 그리고 이 교육과정을 통한 진학 실적을 소개하며 마무리합니다. 학교설명회에 참석한 아이와 엄마가 가장 듣고 싶어 하는 내용이기도 합니다.

학교는 기본적으로 학생부 중심 전형으로 프로그램을 운영하지만 정작 학생부로 대학에 진학하는 학생 수는 제한적입니다. 그렇기 때문에 학교 교육과정으로 수능 대비가 가능한지 살펴봐야 합니다. 수능과목의 학년별 편성과 내신 문제가 수능 문제와 유사하게 출제되는지 중요하게 들여다봐야 합니다.

또 중요한 것은 설명회에서 학교가 보여주는 대학 입시 결과입니다. 학교 설명회 때 제시한 대학 입시 결과는 대부분 중복 합격이 포함된 수치라고 생각해야 합니다. 한 학생이 수시전형에서 6장의 원서를 쓸 수 있고, 정시전형에서 3장의 원서를 쓸 수 있는데, 입시는 본질적으로 빈익빈 부익부라 서울대에 합격한 학생은 고려대나 연세대 등 지원한 다른 대학에 모두 합격할 가능성이 높습니다. 의대 입시를 준비해서 의대에 합격한 학생들도 최대 6곳의 의대에 합격할 수 있습니다.

이렇게 한 학생이 최소 1곳에서 최대 6곳의 대학에 동시 합격이 가능합니다. 정시전형의 경우도 지원한 3곳 대학에 모두 합격할 수도 있습니다. 고등학교의 입결은 이런 방식으로 산출하는 경우가 많기 때문에 중복 합격 포함이라는 사실을 알고 진학 결과를 분석해야 합니다. 중학교 학부모님들 중에 이런 상황을 모른 체, 내 아이가 이 학교에 진학하면 적어도 어느 대학 정도는 가겠지 하는 무지갯빛 희망을 품고 고등학교 생활을 시작하는 경우가 많은데요. 그랬다가 나중에 크게 실망하는 일이 벌어지기도 합니다.

학교설명회는 학교 홍보 시간입니다. 어떤 설명회든지 듣고 나면 귀가 솔깃해지기 마련입니다. 설명회를 개최하는 학교는 기본적으로 교육과정이나 입시 전략이 있는 곳이기 때문에 아이가 그러한 학교의 장점들을 잘 활용해서 대학 입시를 성공적으로 치를 수 있어야 의미가 있습니다. 학교의 장점은 취하되 아이가 이 학교에 성향이 맞는지, 실력은 갖추었는지 적용해 보는 것이 가장 중요합니다. 해당 학교에 진학한 선배나 선배 엄마들로부터 학교에 대한 솔직한 얘기를 들어보는 것도 좋은 방법이죠. 또 학교에서 제시한 정보를 바탕으로 학교알리미를 통해서 학생 인원과 반 개설, 교육과정, 학교 특색 프로그램, 학사 일정, 학업 성취 사항 등 해당 학교에 대한 객관적인 자료로 들여다보면 큰 도움을 받을 수 있습니다.

내 아이의 중학교 학교생활기록부, 엄마의 필수템

예비 고1 엄마가 꼭 해야 하는 것 중의 하나는 아이의 중학교 학교생활기록부를 반드시 읽어보는 것입니다. 매 학년을 마쳤을 때 학교생활기록부를 발급받아 아이가 1년 동안 어떻게 학교생활을 했고, 그 생활이 어떻게 기록되었는지 살펴보세요. 적어도 3학년 2학기까지 마치고 중학교를 졸업할 무렵에는 학교 행정실에서 학교생활기록부를 발급받아 아이와 함께 3년간 학교생활을 들여다보는 걸 추천합니다. 학교생활기록부 항목을 이해하는 데 많은 도움이 될 수 있으니까요.

특목고나 자사고 등 선발형 고등학교의 입시를 치른 아이들은 자신의 학교생활기록부를 미리 보고 자기소개서를 작성했기 때문에 학교생활기록부에 대한 이해도가 높습니다. 반면 일반고에 진학한 학생들 중에는 자신의 중학교 학교생활기록부를 한 번도 보지 않은 경우가 많습니다.

학교생활기록부는 학년을 마친 후인 2월 말에 완결되고 3월부터 열람이 가능합니다. 의외로 많은 아이들이 학교생활기록부에 어떤 항목이 있고 자신이 수행했던 활동이 어디에 어떻게 적히는지 알지 못한 채로 고등학교 1학년 학교생활을 마무리합니다. 심지어 수시전형 원서 접수하는 3학년 때 자신의 학교생활기록부를 처음 보는 아이도 있습니다. 중학교 학교생활기록부는 고등학교 학교생활기록부와 거의 동일하게 구성되어 있기 때문에 아이의 중학교 3년 동안의 활동이 어떻게 기록되었는지 확인하는 과정은 고등학교에서 어떻게 활동해야 하는지 계획해 볼 수 있는 시간입니다.

이와 관련해서 진학 예정인 고등학교의 수시 대비 프로그램이 학교생활기록부 어느 항목에 기재되는 활동인지 파악해 본다면 더욱 좋습니다. 학교 활동은 열심히 했는데 학교생활기록부에는 적히지 않은 경우도 흔히 발생합니다. 학교에 따라서 학교 프로그램과 학교생활기록부 활동을 연계해서 학생과 학부모들에게 유인물을 배포하기도 합니다. 만약 내 아이의 학교에서는 이러한 안내가 없다면 학교 측에 문의해서 파악해 놓는 것이 앞으로의 활동을 계획하고 학교생활기록부 그림을 완성하는 데 도움이 될 것입니다.

학교는 학생의 활동이 입시에서 유의미하게 활용되도록 최선을 다합니다. 그렇지만 선생님들이 모든 아이들의 활동과 그 의도를 파악하고 유효적절하게 적어주는 것은 현실적으로 어렵습니다. 선생님은 한 분이고 적어야 할 학생은 많기 때문이죠. 그러니 엄마가 내 아이의 활동을 파악하고, 해야 할 활동을 계획하며 기록하는 것을 도와주어야 합니다. 이것이 아이의 입시에 가장 실질적인 도움이 됩니다.

우리 아이는 어느 학교에서 꽃을 피울까?

고등학교를 선택할 때 가장 중요하게 참조하는 것은 무엇일까요? 대학 진학률입니다. 특히 서울대 진학률은 명문고를 판단하는 기준이 되기도 합니다. 그래서 서울대 진학률이 높게 나온 학교에 진학하면 우리 아이도 서울대에 갈 수 있다고 생각하죠. 하지만 중학교 때는 똑같이 우수한 아이였어도 성향에 따라서, 혹은 입시 제도에 따라서 결과는 달라질 수 있습니다. 이런 이유 때문에 고등학교를 선택할 때 아이의 성향을 가장 중심에 놓고 봐야 한다고 강조하는 것입니다.

대부분의 고등학교는 학생들이 대학 입시를 준비하기 위한 대비가 갖춰져 있기 때문에 학교 프로그램이 없어서 대학에 못 가는 경우는 드뭅니다. 특히 수시전형을 기준으로 놓고 봤을 때 모든 학교는 기본적인 인프라가 있고, 학교는 그 인프라를 학생이 입시를 준비하는 데 잘 활용하기를 바라고 지원하고 있습니다.

특목고나 자사고에 진학해도 좋은 성적을 받을 수 있는 정도의 실력이 있는 아이가 일반고를 갔을 때 특목고나 자사고에서보다 좋은 입시 결과를 내기도 합니다. 반대로 일반고에 가서 역량이 떨어지는 아이도 있습니다. 고등학교 유형별 특징은 분명하고, 교육과정과 대학 진학률도 모두 공개되어 있으니 객관적으로 드러난 학교의 정보에 매몰되지 말고 아이를 먼저 봐야 합니다.

학교가 좋은 것과 내 아이에게 맞는 것과는 다른 문제입니다. 좋은 학교니까 내 아이도 무조건 잘할 거라고 생각해 특목고나 자사고, 우수 일반고를 선택했다가 수시에서 기회를 잃는 아이들도 많습니다. 특목고나 자사고에 합격했을 때 마치 서울대에 합격한 것처럼 기뻐하다가 입시에서 고전을 면치 못하는 학생이 생각보다 많습니다. 반대의 경우도 있습니다. 내신받기 수월한 학교에서 전교 1등을 하겠다는 목표로 일반고에 진학하지만 분위기에 휩쓸려 성적이 하향평준화 되는 경우도 있습니다. 또 내신 성적 잘 나오는 것만 믿고 우물 안 개구리처럼 공부하다가 수능최저 학력기준이나 구술면접의 벽을 넘지 못하는 아이도 많습니다.

입시는 다 좋을 수가 없습니다. 하나가 좋으면 하나가 나쁠 수밖에 없습니다. 내신 따기 쉬운 일반고는 면학 분위기가 안 좋고, 내신 받기 어려운 학교는 수시전형에서 기회를 갖기가 어렵습니다. 성적이 극상위권이고 진로가 뚜렷하며 멘탈까지 강해서 자기관리가 잘 되는 아이는 어느 학교에 있어도 좋은 결과를 내지만 그런 아이는 너무나 적고, 엄마는 객관적으로 아이의 실제 역량을 파악하기 힘든 것이 문제입니다.

험난한 입시의 길에서 멘탈이 중요하다고 입을 모으는 이유가 있습니다. 어느 고등학교에 속해 있든지 대부분의 아이들은 멘탈이 무너지집니다. 특목고나 자사고, 내신 경쟁이 치열한 일반고에서는 생각했던 것보다 낮은 내신을 받았을 때 견디는 멘탈이 필요하고, 내신 받기 쉬운 일반고에서는 공부하지 않는 분위기에 휩쓸리거나 흔들리지 않고 자신만의 길을 걸어갈 수 있는 멘탈이 필요합니다.

내신이 망가졌을 때 아이의 멘탈이 무너지면 그 리스크는 너무 큽니다. 고등학교에서의 시간은 금쪽만큼이나 중요하기 때문에 몇 개월 혹은 1년 이상 갈피를 못 잡고 혼돈스러워하는 상황만은 피해야 합니다. 이때 엄마가 길잡이 역할을 해주어야 하죠. 아이가 흔들리지 않게 어떤 전형으로 어떻게 입시를 가져갈지 전략을 세우고, 아이가 매진해야 할 공부와 스케줄을 조정해 주는 게 바로 엄마의 몫입니다.

아이가 모든 상황에서 잘할 것이라고 전제하고 고등학교 생활을 시작하면 예상치 못한 상황이 되었을 때 엄마도 아이도 대혼돈을 겪습니다. 이 상황에서 아이는 자신의 성적보다 엄마의 실망감과 좌절까지 감당해야 하기에 더 큰 스트레스를 받습니다. 그러니 엄마는 고등학교 진학 후에 일어날 수 있는 몇 가지 상황을 가정하고, 상황별로 어떻게 전략을 바꾸어 제시해 줄 것인지 플랜A, 플랜B, 플랜C를 갖고 있어야 합니다. 중학교 때까지는 상상하지 못했던 일들이 고등학교에서는 벌어지거든요. 내신 경쟁이 치열한 학교에 다니는 아이들 대부분은 1학년 때 내신 성적에 충격을 받습니다. 2학년 때 성적을 회복하는 학생도 있지만 대다수의 아이들이 1학년 성적으로 고착됩니다.

그렇다면 내신 받기 수월한 일반고에 진학한 학생의 리스크는 무엇일까요? 고등학교 진학 후 생각보다 내신이 잘 나와서 흡족할 수는 있습니다. 그러나 처음에는 웃다가 나중에 울게 되는 경우가 많습니다. 내신 성적이 좋으면 수시 학생부 중심 전형에서 확실히 유리합니다. 하지만 대학은 내신만으로 가는 것이 아니기 때문에 단순히 내신 성적 관리에만 만족하다 보면 고등학교 3학년 때 크게 낭패를 볼 수 있습니다. 내신과 학생부 이외에 구술면접이나 수능최저 학력기준을 충족해야 최종적으로 대학의 문을 열 수 있기 때문이죠. 내신 받기 쉬운 일반고의 전교권 학생들은 자신이 내신만 잘하는 '온실 속의 화초'가 아닌지 냉정하게 생각해 봐야 합니다. 이를 판단하는 기준은 알려져 있듯이 수능모의고사 성적입니다. 전교권 학생이라면 모의고사에서 1~2등급은 받아야 하는데, 3~5등급에 머무는 학생도 실제로 아주 많습니다.

상위권 대학의 구술면접 유형과 난이도를 극복하지 못해 마지막에 고배를 마시는 경우도 많습니다. 최근에는 학생부의 비교과 항목이 대폭 축소된 데다 내신의 변별력도 크지 않기 때문에 대학들은 학생부 중심 전형에서 1단계 선발인원을 늘렸습니다. 적게는 2배수부터 많게는 서류만으로 5배수에서 6배수까지도 선발하고 있습니다. 수능최저기준이나 구술면접을 통해서 최종 선발하기 위해서죠. 학생 입장에서 보면 1단계 서류 합격 후에도 5대 1, 6대 1의 경쟁률을 뚫어야 최종 합격증을 손에 쥘 수 있는 것입니다.

고등학교 선택할 때 꼭 체크해야 할 5가지

첫째, 상위권 비율

입시에서 내신의 중요성은 절대적입니다. 따라서 성적이 1점대에 수렴할수록 유리합니다. 상위권 학생이 많은 학교는 정시 진학률이 높고 면학 분위기가 잘 잡혀 있는 것이 장점입니다. 아이의 성향에 따라 수능형이냐 학종형이냐에 대한 선택은 달라지겠지만 고등학교의 상위권 비율은 자신의 위치를 결정하는 요소이기 때문에 고등학교를 선택할 때 가장 먼저 고민해야 합니다. 정시 진학률과 주요 과목 표준편차를 살펴보면 상위권 비율을 어느 정도 짐작할 수 있습니다.

둘째, 문이과 비율

고등학교에서는 문이과 구분이 없어졌지만, 대학에서는 계열별(모집단위)로 선발하기 때문에 그에 맞는 과목을 선택해서 들어야 합니다. 현행 교육과정으로 학교가 문이과를 구분하는 기준은 선택과목에 있습니다. 수학의 경우 미적분은 이과 학생이, 확률과 통계 과목은 문과 학생이 주로 선택하는 과목입니다. 1학년 때 이수하는 공통과목은 전교생이 등급을 산출하기 때문에 미적분을 선택한 학생이 많은 학교라면 이과형 학교라고 볼 수 있습니다. 따라서 문과 성향 학생은 특히 수학 과학 등급에서 불리할 수 있습니다. 공식적인 것은 아니지만 학교설명회 등에서 문과와 이과 반편성 비율을 알려주기도 합니다.

셋째, 재학생 수

학생 수는 등급에 영향을 미치는 요인 중의 하나입니다. 인원이 많을수록 등급이 잘 나오는 경향이 있기 때문입니다. 하지만 서울대, 연세대, 고려대 등 최상위권 대학의 학생부종합전형의 경우 교과를 정성적으로 평가하기 때문에 수강인원, 성적, 백분위, 표준편차, 이수과목 등을 종합적으로 평가하므로 단순히 등급이 좋다고 유리한 것은 아닐 수도 있습니다. 모든 면에서 같은 조건의 학교라면 재학생 수가 많은 학교를 선택하는 것이 좋습니다.

넷째, 수능 중심의 교육과정 여부

현재 고등학교 1학년까지는 상위권 대학 정시의 비중이 40%로 유지되면서 수능의 영향력이 커졌습니다. 이에 따라 고등학교 교육과정도 수능과목 대비에 맞춰 편성하고 있습니다. 특히 3학년 때 수능에 집중할 수 있는 교육과정을 편성해 놓아 내신을 하면서 동시에 수능에도 집중할 수 있도록 구성해 놓은 학교가 많습니다. 학교 홈페이지에서 교육과정 편제표를 들여다보면 수능과목을 몇 학년에 편성해 놓았는지 알 수 있습니다.

다섯째, 수시 프로그램과 세특 기재

대부분의 고등학교는 학생부 활동 프로그램과 관리시스템이 잘 구축되어 있습니다. 창의적 체험활동(자율, 동아리, 봉사, 진로) 프로그램을 살펴보고 아이의 진로와 연계해 어떻게 활용할 수 있을지 고민해 보아야 합니다. 최근 중요해진 세특 기록을 위해 어떤 활동을 하고, 어떤 과정을 거쳐 기록해 주는지 안내하는 학교도 꽤 많습니다. 아이의 활동이 누락되지 않고 효과적으로 기록하는 시스템이 갖춰진 학교인지도 살펴보아야 합니다.

5장

SEOUL
NATIONAL
UNIVERSITY

고등학교 진학 전 반드시 체크해야 할 학업 역량

고등학교 가서 열심히 하면 성적이 오를 것 같죠?

'고등학교 가서 열심히 공부하면 성적이 오르겠지'라고 막연하게 생각하는 아이들이 많습니다. 하지만 통계를 보면 그렇지 않습니다. 진학사 자료에 따르면 고등학교 진학 후 국어, 영어, 수학 과목에서 2등급 이상 성적이 상승하는 비율은 고작 3%에 불과했습니다. 1.5등급 이상 2등급 미만으로 상승하는 비율도 6.7%에 그쳤고, 1등급 이상 1.5등급 미만 상승률은 14.9%로 열 명 중 두세 명 정도입니다. 즉 75% 이상의 아이들의 성적은 제자리걸음이거나 1등급 이상 하락한다는 것이죠.

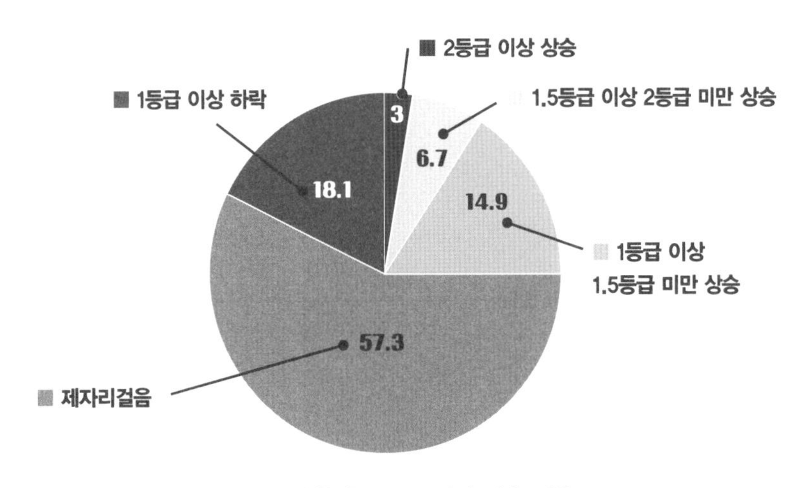

고등학교 진학 후 2등급 이상 상승 비율

고등학교에서는 왜 이렇게 성적이 오르기 힘들까요? 공부의 기초가 부족하거나 혼자 공부하는 시간이 절대적으로 부족하기 때문입니다. 고등학교 공부는 배운 내용을 자신의 것을 만드는 과정 없이 수업을 듣는 것만으로는 절대 성적이 오르지 않습니다.

2등급 이상 상승한 학생의 78%는 성적 상승의 비결을 자율학습으로 꼽고 있습니다. 이 아이들은 대부분 하루에 3시간 이상 자기주도학습 시간을 가졌다고 합니다. 이 시간을 통해서 그동안 배웠던 것을 자기 것으로 만들었던 것이죠. 많은 아이들이 인강이나 학원 수업 들은 것을 공부했다고 착각하는 경우가 많습니다. 하지만 배운 것과 익힌 것은 분명히 다릅니다. 예를 들어볼까요? 우리가 피아노를 치는 방법이나 수영하는 법을 배웠다고 해서 그것들을 잘할 수 있는 것은 아닙니다. 끊임없는 연습을 통해서 배운 것을 몸에 익혀야 수영을 할 수 있고, 피아노를 칠 수 있게 되죠. 공부도 마찬가지입니다.

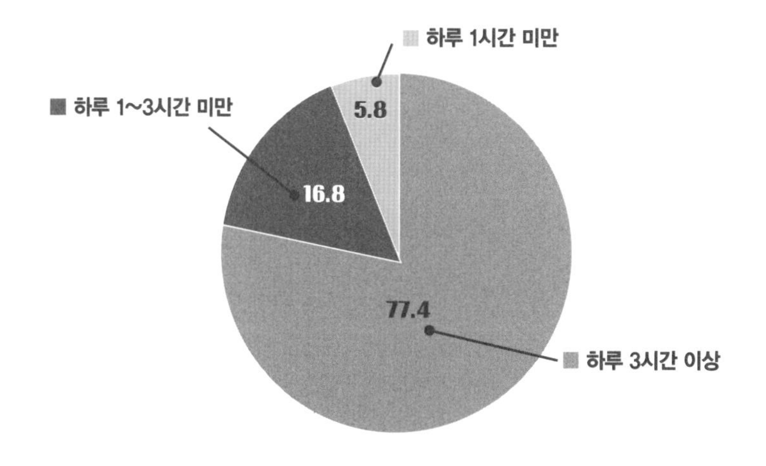

국영수 2등급 이상의 자율학습 시간

중학교 공부는 배운 것을 잘 암기하는 것만으로도 어느 정도 성적이 나올 수 있지만 고등학교 공부는 배운 것을 새로운 문제 상황에 적용할 수 있어야만 성적이 잘 나옵니다. 고등학교 진학 전까지 아이들이 했던 선행학습은 앞으로 배운 내용들의 개념을 배운 정도이기 때문에 거기서 그치면 안 됩니다. 그 개념을 문제 풀이에 적용할 수 있어야 하고, 그런 능력은 수많은 연습을 통해서 체화됩니다. 이렇게 체화되지 않은 지식 개념은 힘을 발휘하지 못합니다.

대학진학 실적이 높은 고등학교들의 공통적인 특징은 학생들이 혼자 공부할 수 있는 자율학습 시간을 절대적으로 확보해 준다는 점입니다. 학원가와 거리가 먼 기숙학교에서 수능 만점자가 나오는 이유가 바로 그것이죠. 혼자 공부하는 시간 없이 학원에서 학원으로 수업이 빽빽하게 잡혀 있는 아이는 절대 성적이 오를 수 없습니다. 단지 학원을 다니면서 불안감을 덜고 싶은 심리일 뿐이죠. 학원이 성적을 올려주지 못하는 또 하나의 이유는 모르는 문제에 부딪혔을 때 언제든지 가르쳐줄 선생님이 옆에 대기 중이기 때문입니다. 학원 선생님이 모르는 것을 설명해 주면 고개가 끄덕여지고, 그 순간은 아는 것 같습니다. 그러나 시험에서는 똑같은 문제가 나오지 않기 때문에 막막한 순간은 반드시 오게 되어 있습니다. 그럴 때 그 막막함을 혼자서 끙끙거리며 풀어나가는 힘을 키우는 과정이 자율학습입니다. 누군가 나를 도와줄 사람이 늘 옆에 있다는 든든함은 오히려 고등학교 공부를 망치는 길입니다. 아무리 생각해도 모르겠는 문제를 만났을 때 스스로 헤쳐나가야만 진짜 실력으로 쌓입니다.

공부 잘하는 아이들은 학원 프로그램에 자신을 맞추지 않습니다. 학습 주도권을 자신이 가지고 있고, 무엇이 부족하고 어디에 시간을 투자해야 하는지 정확하게 알고 있습니다. 아는 것과 모르는 것이 분명하며 혼자 끙끙거리다가 정말 해결이 안 될 때 학원 선생님이나 학교 선생님께 질문합니다. 반대로 공부를 못하는 아이들은 학원 프로그램에 자신을 맞추고 학원에서 보는 테스트나 평가에 일희일비합니다. 이렇게 학원에 전적으로 의존하다가 시험 성적이 안 나오면 학원 탓을 하며 다른 학원으로 옮기죠. 학원은 공부의 주인이 아니라 조력자일 뿐입니다. 아이가 공부의 주인으로 살고 있는지 살펴봐야 합니다. 이러한 사실을 고등학교 진학 후에 깨달으면 이후 공부는 힘들어질 수밖에 없습니다. 고등학교 진학 전에 진짜 자기주도학습을 하고 있는지 점검해 보아야 합니다.

예비 고1 국어,
핵심만 콕 집어서 공부하기

대학 입시에서 진로도 중요하고 탐구 역량도 중요하다고 얘기하지만 실제로는 성적이 가장 중요합니다. 어느 대학이든 국영수 잘하는 학생을 선호하기 때문입니다. 고등학교 진학 후에 성적이 거의 오르지 않는 상황을 고려하면 중학교 때까지 만들어진 실력이 고등학교 성적으로 고착될 가능성이 큽니다. 그렇다면 고등학교 진학 후 성적을 끌어올리기 위해서 어떻게 실력을 체크해 볼 수 있을까요?

우선 고등학교 국어 영역부터 살펴보죠. 고등 국어를 잘하기 위해 가장 중요한 능력은 글을 정확하게 잘 읽어내는 독해력입니다. 독서영역(비문학)은 국어에서 가장 변별력이 높습니다. 글을 정확하게 주어진 시간 안에 빨리 읽어내는 능력이 중요합니다. 중학교 때까지는 시험이 대개 국어 교과서 안에서 출제되기 때문에 교과서를 암기하듯 읽고 파악하는 것만으로 좋은 성적이 나오지만, 고등학교 국어는 기본 개념을 바탕으로 처음 보는 글도 정확하게 읽어내는 힘이 있어야 합니다. 정확하게 빨리 읽어내는 능력만으로도 성적이 어느 정도 나옵니다. 따라서 중학교 3학년 때 시중의 비문학 문제집을 구입해 매일 한 지문씩 읽고 구조화 해보고 요점을 정리하는 습관을 키우면 좋습니다.

문학 영역은 문학 작품을 분석할 때 필요한 문학 개념을 정확하게 알고 작품에 적용할 수 있는 능력이 가장 중요합니다. 따라서 중학교 교과서에서 배웠던 소설의 개념, 시의 개념 등 문학 개념을 잘 정리해서 내 것으로 만들어놓아야 합니다. 고등학교 문학은 중학교에서 배웠던 개념을 확장하고 심화하는 공부인 만큼 중학교 교과서의 문학 개념을 정리한 후 고등 교과서 문학 개념을 다룬 참고서로 각 작품에 개념을 적용하는 방식으로 공부해야 합니다. 고전문학은 시조, 가사 등 장르별 특성을 이해하고 대표적인 작품 정도만 인강을 들으면서 공부하면 좋습니다. 고등 문법 역시 중등 문법과 연계되어 있기 때문에 고등학교 진학 전에 중학교 교과서 속 문법을 정리하는 정도면 좋습니다. 고등학교 문법은 고3 때 언어와 매체 과목에서 다루기 때문에 고등 문법까지 선행학습을 해도 잊어버릴 확률이 높기 때문입니다.

이 과정을 공부한 후 고등학교 1학년 과정 모의고사 기출문제를 풀어보면서 아이가 자주 틀리는 부분을 체크하고 보완해 나가야 합니다. 공통국어의 진도를 선행학습으로 나갔다면 아이가 진학할 가능성이 있는 지역의 몇몇 고등학교의 1학년 내신 기출문제를 풀어보면 고등학교 국어의 출제 경향과 난이도를 파악할 수 있고 아이가 자주 틀리는 문제가 무엇인지 알게 됩니다.

예비 고1 수학, 현행은 다지고 선행은 깊이 있게

수학은 고등학교 과정에서 가장 성적을 올리기 힘든 과목입니다. 그러다보니 거의 대부분의 아이들이 선행학습을 하고 있습니다. 수학 선행을 얼마나 했는지에 따라 자연계열, 인문계열 등의 진로를 정하는 경우가 많은데요. 그러나 수학은 선행학습 진도를 얼마나 나갔는지보다 어떻게 공부했는지를 중심으로 실력을 체크해야 합니다.

중학교 3학년 아이들에게 선행학습 진도를 어디까지 나갔는지 물어보면 고등학교 1학년 과정인 수학(상)이나 수학(하) 과정을 공부했다고 대답하는 아이들이 가장 많습니다. 수학(상)과 수학(하)는 3회독, 4회독 심지어는 5회독까지 공부한 아이도 꽤 많습니다. 조금 더 진도를 나간 아이들은 2학년 과정인 수학Ⅰ이나 수학Ⅱ까지, 의대나 공대가 목표인 학생들은 확률과 통계, 미적분까지 공부하기도 합니다.

이렇게 예비 고1에게 수학 선행학습은 일반화되어 있습니다. 물론 선행학습 진도를 많이 나간 아이들이 고등학교에 가서 성적을 잘 받을 가능성이 높지만 반드시 그렇지는 않습니다. 선행학습을 중심에 두고 수학 공부를 하는 아이 중에는 중학교 과정 현행 공부를 등한시하는 경우가 많은데, 이건 정말 잘못된 공부법입니다. 선행에 앞서 중학교 과정을 확실하게 다져놓아야 고등학교 선행학습이 힘을 발휘할 수 있거든요. 특히 중학교 도형은 꼭 정리하고 가야 합니다.

선행학습을 하고 있다면 아이가 학습한 과정을 스스로 정리할 수 있어야 합니다. 많은 공신(공부의 신)들의 공통적인 수학 공부법 가운데 하나는 '나만의 개념 노트'를 만들어 배운 내용을 반드시 자신의 손으로 쓰고 설명해 본다는 것입니다. 개념을 설명하기 힘들거나 설명을 못하는 부분은 모르는 것이라고 생각해야 합니다. 교과서를 기본으로 수학 개념서는 넘쳐납니다. 그러나 그 책은 출판사에서 쓴 것이지 아이의 손으로 쓴 책이 아닙니다. 남이 정리해 놓은 것을 읽는 것과 자신이 직접 쓰는 것은 다릅니다. 배운 개념을 스스로 정리하고 소리 내어 설명하는 과정을 거쳐야 개념이 체화되고 자신이 무엇을 알고 모르는지 명확해집니다. 이렇게 시작한 '나만의 개념 노트'를 고등학교 3학년까지 꾸준히 작성하면서 활용하면 고등 수학 전 과정을 한눈에 볼 수 있을 뿐만 아니라 아이의 수학 공부 히스토리가 됩니다. 예비 고1 시기에 수학선행을 어디까지는 꼭 나가야 한다고 정해진 것은 없습니다. 지금 어떤 방식으로 공부하고 있는지, 그리고 앞으로 어떻게 공부할 것인지가 더 중요하다는 걸 명심해야 합니다.

그리고 아이가 진도를 나간 뒤에는 반드시 성취도를 체크해야 합니다. 학원에서는 특정 과정의 선행학습은 하면서도 그 과정의 성취도를 체크하지 않고 다음 과정으로 넘어가는 경우가 많습니다. 아이가 배운 내용을 얼마만큼 자기 것으로 만들었는지 아는 것은 굉장히 중요한 문제입니다. 따라서 아이가 선행학습을 마쳤다면 그 과정에 대해 모의고사 기출문제를 풀어보는 게 좋습니다. 모의고사 기출문제는 한국교육과정평가원 홈페이지에도 있고, 아이가 다니는 학원 혹은 시중 서점에서도 구해 볼 수 있습니다. 모의고사 문제는 수능시험과 동일한 구성으로 이루어져 있고, 해당 시험의 등급도 확인할 수 있습니다. 꼭 만점이 아니더라도 등급 체크 결과 1~2등급이라면 선행 과정을 꼼꼼하게 공부했다고 할 수 있지만, 3등급 이하라면 현재 과정에 빈틈이 있다는 의미입니다. 실제로 수학(상) 과정을 끝낸 아이의 성취도가 50~60점을 받았음에도 수학(하) 단계로 넘어가는 경우가 많습니다. 이렇게 되면 모르는 것만 늘어나는 꼴이 되므로 반드시 단계마다 성취도를 꼼꼼하게 체크해서 보완하고 다지고 나가야 합니다.

예비 고1 영어, 수능 1등급 수준으로 대비하기

영어는 사실 중학교 3학년 때까지의 실력으로 대학 입시까지 간다고 해도 무리가 없습니다. 기본기가 없는 아이가 하루아침에 영어를 잘하기는 힘들기 때문입니다. 초등학교 때부터 중학교 때까지 쌓은 실력이 대학 입시까지 가는 경우가 많습니다. 수능에서 영어는 절대평가이지만 고등학교 내신은 상대평가이고 이수단위도 높기 때문에 변별력이 높은 과목입니다. 또한 수능영어도 변별력을 위해 어렵게 출제하는 경향이 높기 때문에 절대평가라고 절대 만만하게 생각해서는 안 됩니다.

예비 고1 때 영어 실력을 체크하는 방법은 지원을 희망하는 고등학교의 기출문제를 풀어보는 것입니다. 기출문제를 통해서 고등학교 영어 난이도와 출제 경향을 파악할 수 있습니다. 더 나아가 수능모의고사 기출문제를 3회 이상 풀어보는 것을 추천합니다. 이 과정을 통해 중학교와는 다른 고등 내신영어와 수능영어의 특징을 분석해 본다면 남은 시간 동안 영어를 어떻게 공부해야 할지 방향이 보일 것입니다.

영어영역의 킬러문항이라는 빈칸추론형 문제는 몇 개 안되기 때문에 어휘력이 문제인지, 독해력이 문제인지, 구문 분석을 어려워하는지, 지문 읽는 속도가 느린 건 아닌지 등을 중심으로 아이의 취약점을 찾아야 합니다. 고등영어의 특성을 이해하고 아이의 부족한 부분만 찾아도 무엇을 보완해야 하는지가 확실해집니다. 내신 난이도가 어려운 학교를 목표로 하고 있다면 수능모의고사나 일반고 내신 문제는 쉽다고 느낄 수 있습니다. 사실 고등학교별 영어 내신 난이도 편차는 매우 크지만 수능영어는 전국 표준 시험입니다. 학교의 학력 수준에 따라서 내신 1등급인 학생이 수능모의고사에서 1등급을 못 받을 수 있고, 학력 수준이 높은 학교의 내신은 수능영어보다 훨씬 어렵게 출제되기도 합니다.

외고나 국제고, 자사고에 진학을 생각하는 학생이라면 희망 학교의 내신 기출문제와 수능모의고사 문제 외에 토플 시험에 응시해 보면 좋습니다. iBT 토플은 말하기, 듣기, 쓰기, 읽기 등 영어의

4대 영역을 고르게 평가하는 시험입니다. 때문에 고등학교 진학 후에 영어를 기반으로 에세이 쓰기, 발표, 토론 등 다양한 활동이 이루어지는 외고나 국제고에 진학해도 되는 영어 실력인지 체크할 수 있는 좋은 도구입니다. iBT 토플은 120점 만점으로 평가하는데 90~100점 이상 나온다면 고등학교 진학 이후에 영어 내신이나 영어 비교과활동에는 문제가 없다고 보면 됩니다. 희망 학교 내신 기출, 수능모의고사, 토플 성적까지 체크해서 점수가 나오는 정도로 실력을 가늠하면 됩니다.

자사고나 외고는 교과서 외에 문학, 비문학 등의 원서와 원어로 수업하는 경우가 많습니다. 외부 지문은 대개 원서에서 많이 가져오는데 A4 6~7장의 긴 지문으로 수업을 하기도 합니다. 디베이트를 위해 배경지식을 공부하고 주제에 대한 자신의 의견을 정리하는 방식으로 공부해야 합니다.

일반고 영어 내신 1등급 수준은 독해+어휘+문법을 바탕으로 한 영작 능력이 요구됩니다. 독해나 어휘는 고3 수능 수준보다 약하지만 문법이나 서술형은 난이도가 매우 높습니다. 범위도 중학교 때보다 크게 늘어나고 어디에서 출제될지 가늠이 안 되기도 합니다. 독해를 하는 것만으로는 안 되고 그 독해 문법을 설명할 수 있어야 하고 해석만 주면 문장을 재창조하여 정확한 문법에 기반한 문장을 쓸 수 있어야 합니다.

탐구영역, 통합사회와 통합과학 선행은 이렇게

통합사회와 통합과학은 고등학교 1학년 공통과목이자 2028학년도부터는 수능과목으로 지정되어 중요해졌습니다. 보통 대학 입시에서 국영수 성적은 그 학생의 학력 수준을 판단하는 과목이고 사회나 과학탐구 과목은 진로나 전공적합성을 판단하는 과목이라고 여깁니다. 예컨대 학생부종합전형으로 공대에 지원한 학생이라면 대학에서 학교생활기록부의 물리학 이수 여부와 성적을 중요하게 보고, 경영이나 경제학과에 지원한 학생이라면 대학에서는 사회탐구과목 중 경제를 이수한 학생을 선발하려고 합니다. 대학의 계열이나 전공별로 필수권장과목 혹은 권장과목을 지정하는 것도 그런 이유입니다.

통합사회와 통합과학은 고등학교 2학년 때부터 배우는 사회탐구과목과 과학탐구과목을 단원별로 구성하여 맛보기할 수 있도록 구성되었습니다. 통합사회와 통합과학은 고등학교 진학 후에 열심히 공부하면 성적이 나오는 과목인 만큼 국영수처럼 실력을 체크할 필요까지는 없지만 전체적으로 어떤 내용이 어떻게 구성되어 있는지 미리 파악해 볼 필요는 있습니다. 따라서 예비 고1 시기에 통합사회, 통합과학 교과서를 구입하여 전체 구성부터 단원별 내용을 읽어보는 걸 추천합니다.

통합사회는 교과서를 이야기책 읽듯이 살펴보면서 인터넷 강의를 활용하면 좋습니다. 가볍게 공부하다 보면 아이가 관심 있는 분야를 찾아보는 자료로 활용할 수도 있습니다. 경제 단원, 법이나 정치 단원, 철학 단원, 국제 단원 등 관심이 생긴 분야는 연계 도서를 찾아 읽어보는 것도 좋은 방법입니다. 특별히 어려운 개념이 나오면 관련 자료를 찾아보거나 동영상과 연결해서 확장해 나가면 아주 바람직한 선행학습이 됩니다.

통합과학은 통합적인 과학적 사고를 심어주는 데 중점을 두어 구성되어 있습니다. 2학년 때부터 배우게 될 과학탐구 과목인 물리학, 화학, 생명과학, 지구과학Ⅰ,Ⅱ 과목의 기본이 되므로 통합과학 교과서를 읽어보면서 좋아하고 잘하는 과목을 찾고, 이를 진로와 연계해 확장 심화해 나가는 게 좋겠죠. 진로가 명확한 학생이라면 전공이나 학과의 필수권장 과학I을 1~2개 정도 선행학습해 두면 좋습니다. 통합과학을 통한 진로 찾기가 아니더라도 고등학교 1학년 성적을 잘 받아야 하므로, 특히 난이도가 높은 과목인 물리의 역학 단원, 전자기 단원, 화학의 양적관계, 중화반응 등 아이들이 어려워하는 단원은 인강을 반복적으로 들으면서 미리 심도 있게 들여다보면 좋습니다.

고등학교 진학 전에 아이 진로 찾아주기

고등학교 진학 전에 꼭 점검해야 할 부분이 진로입니다. 중학교 때까지는 진로나 흥미에 맞는 선택 활동을 하는 정도였다면 고등학교부터는 진로와 관련된 과목을 선택해서 이수하고 그 과목에서는 좋은 성적을 받아야 합니다. 또한 창의적 체험활동을 통해서 희망 진로에 맞는 다양한 활동을 펼쳐야 합니다. 고등학교 1학년 과정은 전국의 모든 학생들이 같은 과목을 공부하지만 2학년 때부터 모집 전공이나 계열에서 요구하는 필수권장과목을 선택해서 들어야 합니다. 자율활동, 동아리활동, 진로활동 등 비교과활동도 희망 전공과 관련한 탐구 활동이 필요합니다. 공식적으로는 1학년 때 공통과목을 들으며 진로를 탐색하도록 교육과정이 구성되어 있지만, 실질적으로 전공 적합성이 뛰어난 학교생활기록부를 만들기 위해서는 1학년 과정부터 진로나 희망 전공 관련 활동을 시작해야 합니다. 그렇기 때문에 고등학교 진학 전에는 구체적인 전공이나 학과까지는 아니어도 인문, 사회, 의학, 자연, 공학 등 계열은 정하는 것이 좋습니다.

고등학교 2학년이 되기 전에 학교는 1학년 학생들을 대상으로 과목 선택을 위한 수요조사를 합니다. 조사 결과에 따라 다음 학년도에 개설해야 할 과목을 선정하고 편성해서 과목을 확정해야 하기 때문입니다. 이렇게 완성되는 것이 학교별 교육과정편제표입니다. 이때 아이가 들어야 할 과목이 무엇인지 애매한 상황이라면 과목을 잘못 선택할 수도 있습니다. 때문에 예비 고1 때 진로를 확정하고 아이가 이수해야 할 과목에 비중을 두어 학습 시간을 배분하는 것이 좋습니다. 예비 고1 때 진로 방향을 결정하면 아이는 자신에게 중요한 과목이 무엇인지 알게 되고 내신과 수능에서 어떤 과목을 선택하고 주력해야 하는지, 그리고 수업 중 활동 기록인 과목별 세부능력 및 특기사항에 어떤 내용이 어떻게 적혀야 하는지 분명히 할 수 있습니다.

컴퓨터 활용 능력이 프로젝트 수행 능력을 좌우한다

보고서 쓰기, 자료 조사, 프리젠테이션, 독서 활용 등 프로젝트 수행 능력은 고등학교에서는 일상입니다. 특히 학생부종합전형을 생각하면 컴퓨터 활용부터 워드를 원활하게 수행할 수 있어야 합니다. 전공 관련 분야에 대한 문제의식이 있고 아이디어가 좋아도 생각한 바를 글이나 말로 표현하는 능력이 떨어지면 원활하게 과제를 수행하기 힘듭니다. 고등학교에서 하는 모든 공부와 활동은 사실상 시간 싸움이기 때문에 고등학교 진학 전에 탐구 역량을 펼칠 수 있는 정보 활용과 컴퓨터 기기 활용 능력은 반드시 체크해

봐야 합니다.

아이 전용 노트북이 있어야 하는 것은 기본이고, 한글(hwp) 프로그램과 파워포인트 사용을 위한 MS프로그램은 반드시 깔아놓아야 합니다. 중학교 때 관련 활동을 열심히 한 학생들은 익숙하게 할 수 있지만 그렇지 않은 아이들도 많습니다. 컴퓨터 활용 능력이 떨어지면 능숙하게 활용할 줄 아는 아이들에 비해 프로젝트 수행 능력이 떨어지는 건 당연한 일입니다. 자료를 찾고 필요한 자료를 활용하여 설득력을 갖춘 글을 써보고 발표하는 실전 훈련을 중학교 과정에서 많이 경험해 보아야 고등학교에 가서 어렵지 않게 프로젝트를 수행할 수 있습니다. 과제 탐구 능력은 경험을 통해서 체화되어야 정작 필요할 때 쓸 수 있기 때문입니다.

★ ★ ★ ★ ★ 슬기로운 입시 정보

예비 고1 수학 선행학습, 해도 되는 학생 vs 하면 안 되는 학생

죽전고등학교 수학교사 오정훈

학교 현장에서 보면 선행학습을 하지 않은 학생들을 거의 찾아보기 어렵습니다. 선행학습에 대한 논쟁은 학생과 학부모들을 더욱 혼란스럽게 만듭니다. 선행학습을 안 하자니 '우리 아이만' 도태될까 걱정이고 선행학습을 하자니 '효과가 없다' '피해만 봤다'는 말들이 들려옵니다. 그럼에도 결국 '군중심리'에 빠지다 보니 거의 모든 학생들이 선행학습을 하는 상황이 된 것 같습니다. 사실 학생들이 자신의 상황에 대한 고려 없이 그저 진도만 나가는 것에 열중하는 현상이 문제이지, 선행학습 그 자체가 문제라고 할 수는 없습니다. 남보다 먼저 더 많이 공부하는 걸 나쁘다고만 볼 수는 없기 때문입니다.

선행학습이 성공하려면 준비가 되어 있는 상황에서 제대로 해야 합니다. 개인적으로는 선행학습에 대해 찬성하지도 반대하지도 않습니다. 선행학습 자체에 대한 가치 판단은 의미 없다고 생각하기 때문입니다. 현장에서는 선행학습을 해서 좋은 성과를 보이는 학생도 있고, 선행학습을 하지 않고도 좋은 성과를 보이는 학생이 있습니다. 선행학습은 개인의 선택이고 학습할 콘텐츠를 결정하는 것으로 보는 것이 옳습니다. 그렇다면 예비 고1의 수학 선행학습은 어떨 때 문제가 되는 걸까요? 공부를 잘하기 위해서 예습, 복습이 중요하다는 건은 누구나 납득하는 명제입니다. 앞으로 배울 내용을 미리 학습하는 예습인데 칭찬해 줘야 하는 일이 아닐까요?

문제는 선행학습을 해도 되는 학생과 그렇지 않은 학생이 있다는 것입니다. 즉 중요한 건 '준비가 되어 있는 상황'인지를 판단하는 것이죠. 예를 들어 현재 중학교 3학년 학생이 중학교 수학 내용에 대해 기본 개념이 잘 갖춰져 있고, 문제 풀이도 열심히 해서 성취도가 높은 상태에서 선행학습을 한다면 이는 정말 칭찬받을 일입니다. 반대로 중학교 수학 내용을 잘 이해하지 못하고 있거나 개념이 부족한데 고등학교 수학을 선행한다면 어떨까요? 모르는 것만 늘어나는 상황이 되고 맙니다. 특히 수학은 위계성이 있어 이전 학습 내용이 제대로 갖춰져 있지 않으면 선행학습은 그저 들어본 적 있는 내용에 지나지 않습니다.

이런 학생인 경우는 고등학교에 입학하기 전에 중학교 과정을 다시 한번 복습해서 기초를 다지는 것이 중요합니다. 고등학교에서는 그때 해야 하는 공부가 있기 때문에 중학교를 졸업하는 시점이 학교 과정을 정리하고 보완할 수 있는 마지막 기회거든요. 그런데 만약 그 시간에 선행학습을 한다면 기초를 다질 수 있는 마지막 기회를 잃어버리는 것과 다름없습니다.

그리고 선행학습을 하려면 '제대로' 해야 합니다. 대부분의 선생님들이 동의하겠지만 선행학습을 하고 온 학생들 중 제대로 학습이 되어 있는 학생들은 그리 많지 않습니다. 선행학습은 문제 풀이 기법을 익히는 것이 아닙니다. 선행학습을 제대로 하고 싶다면 학교에서 배우는 것처럼 정의부터 여러 정리의 유도 과정까지 차근차근 수학적 논리에 맞춰 시작해야 합니다. 반복적인 유형 풀이가 아닌 수학적 사고력을 키워야 진짜 선행학습입니다. 내용에 대한 논리적 이해는 부족한데 기본적인 문제 유형의 풀이법을 알고 있는 학생들이 많은데, 이런 학생은 의심할 여지없이 고등학교에 가서 쉽게 무너질 수밖에 없습니다.

더 큰 문제는 선행학습이 필요하다고 주장하는 사람들의 과도한 의미 부여나 공포감 부여입니다. 그들은 고등학교 수학은 내용도 방대하고 문제도 어렵기 때문에 반드시 선행학습을 해야 한다고 말합니다. 그렇다면 대한민국의 교육과정이 일반적인 고등학생이 3년 동안 다 배우고 익힐 수 없을 정도로 많은 양과 높은 난도를 요구하고 있다는 뜻일까요? 그래서 우리나라에서 정해주는 교육과정은 선행학습 없이 해결할 수 없다는 뜻일까요? 그렇지 않습니다. 고등학교에 입학하면 3년 동안 입시를 준비하고 수능 시험을 보는데, 단언하지만 3년은 절대 부족하지 않습니다.

교사로 재직하면서 느낀 아주 중요한 사실이 있습니다. 선행학습 여부보다 고등학교에 입학한 후 어떻게 공부하느냐가 무엇보다 중요하다는 점입니다. 공부할 수 있는 시간은 충분하며 생각보다 수험 생활을 하는 기간은 깁니다. 선행학습을 하지 않아도 꾸준하고 열심히 공부한다면 선행학습한 학생들이 가지는 유리함을 극복할 만한 충분한 여유가 있으니 너무 조급하게 생각할 필요는 없습니다. 고등학교에서 열심히 공부하지 않는 것이 가장 큰 문제이지 선행학습을 했는지 안 했는지는 그렇게 중요하지 않습니다.

결론적으로, 선행학습을 하지 않았다고 불안해 하거나 걱정할 필요는 없습니다. 고등학교에 입학한 후에도 공부할 시간과 기회는 충분합니다. 그 시간 동안 충실히 공부한다면 누구 못지않은 실력을 분명 갖출 수 있습니다. 고등학교 수학 성적은 선행학습 여부로 결정되는 것이 아니라 입학 후 학습량과 학습 태도에 달려 있다는 점, 명심하세요.

SEOUL
NATIONAL
UNIVERSITY

고1 학습 로드맵과 입시 대비 전략

진로와 연계한 과목 선택이 학종의 시작이다

1학년 때는 고등학교 유형에 상관없이 국어, 영어, 수학, 통합사회, 통합과학 그리고 과학실험을 공통적으로 이수합니다. 이 과목들을 기본으로 학교별로 정보, 기술가정 등 생활교양 과목을 개설하기도 하죠. 1학년 때 배우는 과목은 대부분 상대평가이기 때문에 고등학교 3학년 전체 내신에 성적이 큰 영향을 미치는 만큼 잘 관리해야 합니다.

1학년 공통과목 성적을 기준으로 목표 대학이나 전공에 대한 방향을 잡는다고 생각하기 쉽지만 희망 진로는 일찍 정하는 것이

고등학교 진로와 진학에 따른 과목 선택 시기와 절차

시기	구분	주체	내용
입학 전	학교 교육과정 편성	학교	· 교과협의회를 통한 학기별 개설 과목(위계 등 검토) · 학교교육과정위원회에서 학교 교육과정 운영 방침 검토
1학년 5월	신로 목표에 대한 이해	학교 학생	· 진로적성검사, 진로계획서 작성 · 대학 진학 등 진로 희망 상담 · 진로와 관련된 대학이나 학과 확인
1학년 6월	학교 교육과정 편성 분석	학생	· 필수이수과목 확인 · 학기별 개설 과목 알림을 통한 과목 위계, 학기당 이수간위 등 이수 조건 확인 · 학교 교육과정 운영 방침 등 확인
1학년 7월	이수희망과목 사전조사	학생	· 진로별 주요선택과목, 연관선택과목 등에 대한 안내 참여 · 과목 선택을 위한 집중적인 진로, 진학 상담 · 과목 개설을 위한 기초 수요 조사 참여
1학년 9월	수강 신청	학교 학생	· 진로에 따른 선택과목 확정 · 과목 개설 시기에 따른 과목 이수 시기 결정 · 선택한 진로에 따른 과목 수강 신청 · 필수이수과목 누락 여부 확인
1학년 10~11월	학기 단위 교육과정 편성	학교	· 학교 여건에 따른 선택과목 최종 확정 · 수강신청에 따른 과목 편성 조정 폐강 과목 안내 · 분반, 이동 수업 등을 고려한 시간표 작성 · 다음 학년도 이수과목의 교과서 신청 · 학교에서 개설되지 않은 과목에 대한 학교 밖 수강 기회 안내

좋습니다. 고등학교 1학년 5~6월에 학교에서 진로 계획 상담을 진행하고, 적어도 1학년 1학기 안에 2학년 때 이수할 과목을 선택해

야 하기 때문입니다. 준비 없이 즉흥적으로 선택과목을 결정하면 안 됩니다. 2학년 때 선택할 과목은 수시나 정시에서 매우 큰 영향을 미치기 때문에 신중하게 선택해야 합니다. 이렇게 선택과목을 신청하면 학교는 학생들의 선택 결과에 따라서 융통성 있게 2학년 교육과정을 편성합니다.

과목 선택은 입시에서 매우 중요합니다. 학생부종합전형에서 학생의 서류를 볼 때 전공 관련 과목의 이수 여부는 중요하게 살펴보는 부분입니다. 당연히 그 과목의 성적과 세특 기록도 중요한 평가 요소입니다. 선택형 수능을 보는 현재 고등학교 1학년부터 3학년에게 과목 선택은 학생부종합전형은 물론 수능에까지 영향을 미칠 수 있기 때문입니다. 과목 선택은 아이의 진로를 결정하는 핵심키라고 할 수 있습니다. 2학년 때 이수할 과목은 학생부 중심 전형은 물론, 수능이나 논술전형 과목까지 고려하여 가장 효율적인 과목을 선택해야 합니다.

모집단위별 권장과목 예시(서울대 기준)

모집 단위	핵심권장과목	권장과목
경제학부	경제	미적분, 확률과 통계
수리과학, 통계학	미적분, 확률과 통계, 기하	지구과학Ⅱ, 물리학Ⅱ, 확률과 통계
천문학	지구과학Ⅰ, 미적분, 기하	확률과 통계, 기하
화학	화학Ⅱ, 미적분	화학Ⅱ, 확률과 통계, 기하
생명과학	생명과학Ⅱ, 미적분	화학Ⅱ, 확률과 통계, 기하
기계공학	물리학Ⅱ, 미적분, 기하	확률과 통계
컴퓨터공학	미적분, 확률과 통계	
산업공학	미적분	확률과 통계
화학생물공학	물리학Ⅱ, 미적분, 기하	화학Ⅱ 또는 생명과학Ⅱ
응용생물공학	화학Ⅱ, 생명과학Ⅱ	미적분, 확률과 통계, 기하
화학교육	화학Ⅱ	미적분, 확률과 통계, 기하
식품영양	화학Ⅱ, 생명과학Ⅱ	
의류학		화학Ⅱ, 생명과학Ⅱ 또는 확률과 통계
간호학		생명과학1, 생명과학Ⅱ
약학	화학Ⅱ, 생명과학Ⅱ	미적분, 확률과 통계
수의예	생명과학Ⅱ	미적분, 확률과 통계
의예	생명과학Ⅰ	생명과학Ⅱ, 미적분, 확률과 통계, 기하

계열별 맞춤 교육과정은 이렇게 짜라

고등학교 교육과정은 학생들이 1학년 공통과정을 이수한 이후에 자신의 진로와 흥미에 따라서 다양한 과목을 선택하도록 하고 있습니다. 일반선택과목과 진로선택과목 그리고 필요시 전문과목 등도 배울 수 있는 열린 교육과정입니다. 따라서 과목을 선택할 때 진로와 희망 전공에 맞는 교과목을 선택하려면 전공하고자 하는 학과에 대한 이해가 필요합니다. 대학 전공별 학과의 특징을 참고하여 고등학교의 이수 과목을 참고한 후 전공적합성이 높은 과목을 선택하는 지혜가 필요합니다.

인문계열은 무엇을 공부해야 할까?

언어와 문화를 탐구하는 인문계열은 제2외국어Ⅱ까지 언어 소통 능력뿐만 아니라 다양한 문학과 문화를 배우고 경험하는 분야입니다. 사회탐구과목은 전 교과와 관련이 있지만 그중에서 생활과 윤리, 사회문화, 세계지리, 윤리와 사상이 특히 중요합니다. 주요 교과목은 국어과목의 일반선택에서 화법과 작문, 독서, 문학 그리고 진로 선택에서는 고전읽기가 관련이 있습니다. 영어와 사회는 전 교과와 관련이 있습니다. 생활교양 교과의 일반선택에서 다

인문계열 선택과목 예시

<table>
<tr><th>구분</th><th>1학년</th><th>2학년</th><th>3학년</th></tr>
<tr><td>기초</td><td>국어, 수학, 영어,
한국사</td><td colspan="2">문학, 독서, 화법과 작문, 언어와 매체, 고전 읽기,
수학Ⅰ, 수학Ⅱ, 확률과 통계, 영어회화, 영어Ⅰ,
영어Ⅱ, 영어독해와 작문, 영미문학 읽기</td></tr>
<tr><td rowspan="2">탐구</td><td>통합사회</td><td colspan="2">한국지리, 세계지리, 세계사, 동아시아사,
경제, 정치와 법, 사회문화, 생활과 윤리, 윤리와 사상,
사회문제 탐구 중 택 4~6</td></tr>
<tr><td>통합과학</td><td colspan="2">물리학Ⅰ, 화학Ⅰ, 생명과학Ⅰ, 지구과학Ⅰ,
생활과 과학 중 택 1~2</td></tr>
<tr><td>예술</td><td>체육, 음악, 미술</td><td colspan="2">운동과 건강, 스포츠 생활,
음악감상과 비평, 미술감상과 비평</td></tr>
<tr><td>생활교양</td><td></td><td colspan="2">철학, 논술, 논리학 중 택 1~2
제2외국어Ⅰ Ⅱ, 한문Ⅰ Ⅱ 중 택 2~3</td></tr>
</table>

양 한 제2외국어 과목과 한문Ⅰ, 철학, 종교학, 논리학, 논술을 해두면 좋습니다.

상경계열은 무엇을 공부해야 할까?

상경계열은 논리적 사고력이 중요하므로 수학과목의 이수 여부와 성적이 중요합니다. 국어와 영어 일반선택 전체가 이수 대상 과목입니다. 사회과학계열의 특성상 수학교과가 매우 중요시되며

상경계열 선택과목 예시

<table>
<tr><th>구분</th><th>1학년</th><th>2학년</th><th>3학년</th></tr>
<tr><td>기초</td><td>국어, 수학, 영어,
한국사</td><td colspan="2">문학, 독서, 화법과 작문, 언어와 매체, 고전 읽기,
수학Ⅰ, 수학Ⅱ, 확률과 통계, 미적분(경제수학 대체 가능), 영어회화, 영어Ⅰ, 영어Ⅱ, 영어독해와 작문,
영미문학 읽기</td></tr>
<tr><td rowspan="2">탐구</td><td>통합사회</td><td colspan="2">한국지리, 세계지리, 세계사, 동아시아사,
경제, 정치와 법, 사회문화, 생활과 윤리, 윤리와 사상,
사회문제 탐구 중 택 4~6</td></tr>
<tr><td>통합과학</td><td colspan="2">물리학Ⅰ, 화학Ⅰ, 생명과학Ⅰ, 지구과학Ⅰ,
생활과 과학 중 택 1~2</td></tr>
<tr><td>예술</td><td>체육, 음악, 미술</td><td colspan="2">운동과 건강, 스포츠 생활,
음악감상과 비평, 미술감상과 비평</td></tr>
<tr><td>생활교양</td><td colspan="3">정보, 심리학, 실용 경제 중 택 1~2
제2외국어 Ⅰ Ⅱ, 한문Ⅰ 택 1~3</td></tr>
</table>

수학Ⅰ, 수학Ⅱ, 미적분, 확률과 통계 과목이 관련이 있습니다. 사회교과의 일반선택 중 경제, 정치와 법, 사회문화 과목을 공부하면 도움이 되고 생활교양과목에서는 일반선택의 논리학, 논술 과목과 관련성이 높습니다.

자연계열은 무엇을 공부해야 할까?

자연계열은 과학영역 4개 분야의 과목을 모두 배우고, 특히 관심 있는 분야는 심화수준까지 배우는 게 좋습니다. 수학도 충분히 배워야 하며, 정보나 가정과학, 자연과학과 연결되는 과목이 중요합니다. 과학교과 중 일반선택과목의 물리학Ⅰ, 화학Ⅰ, 생명과학Ⅰ, 지구과학Ⅰ 등 전공의 기초 내용뿐만 아니라 과학 전반을 공부해야 합니다. 수학은 수학Ⅰ, 수학Ⅱ, 미적분, 확률과 통계 등이 연관이 있습니다. 좀 더 심화된 물리학을 공부하고 싶다면 전문교과인 고급물리학, 과학과제연구 등의 과목을 이수하면 좋습니다.

자연계열 선택과목 예시

구분	1학년	2학년	3학년
기초	국어, 수학, 영어, 한국사	문학, 독서, 화법과 작문, 언어와 매체, 고전 읽기, 수학Ⅰ, 수학Ⅱ, 확률과 통계, 기하, 영어회화, 영어Ⅰ, 영어Ⅱ, 영어독해와 작문	

<table>
<tr><td rowspan="2">탐구</td><td>통합사회</td><td>경제, 정치와 법, 사회문화,
생활과 윤리, 한국지리 중 택 1~2</td></tr>
<tr><td>통합과학</td><td>물리학Ⅰ, 화학Ⅰ, 생명과학Ⅰ, 지구과학Ⅰ 중
택 3~4
물리학Ⅱ, 화학Ⅱ, 생명과학Ⅱ, 지구과학Ⅱ 중
택 2~3</td></tr>
<tr><td>예술</td><td>체육, 음악, 미술</td><td>운동과 건강, 스포츠 생활,
음악감상과 비평, 미술감상과 비평</td></tr>
<tr><td>생활교양</td><td colspan="2">제2외국어Ⅰ, 한문Ⅰ 중 택 1~2
정보, 인공지능 기초, 보건, 환경, 가정 과학 중 택 1~2</td></tr>
</table>

의학생명계열은 무엇을 공부해야 할까?

사람의 생명을 다루는 분야이므로 입학 시 면접을 거치는 경우가 많습니다. 그러므로 종합적인 인성을 함양해야 합니다. 그러기 위해서 국어교과의 화법과 작문, 영어교과의 다양한 과목, 사회교과 중 생활과 윤리, 윤리와 사상, 생활교양교과의 심리학 등이 유리합니다. 각 대학의 교육과정에 따라 조금씩 차이가 있지만 예과와 본과 과정 중 의료법이 포함되어 있으므로 가급적 사회교과의 정치와 법을 이수하면 도움이 됩니다. 과학교과 중 일반선택과목과 수학에 대한 깊이 있는 학습도 필요합니다. 좀 더 심화된 학습을 원하는 학생은 전문교과의 과학계열 내 화학실험이나 생명과학 실험 과목을 이수하면 좋습니다. 한의예과는 한문의 독해력이 필요하므로 생활교양의 한문Ⅰ, 중국어Ⅰ 등의 과목을 이수해 두면 유리합니다.

의학생명계열 선택과목 예시

구분	1학년	2학년	3학년
기초	국어, 수학, 영어, 한국사	문학, 독서, 화법과 작문, 언어와 매체, 고전 읽기, 수학Ⅰ, 수학Ⅱ, 확률과 통계(미적분), 기하, 영어회화, 영어Ⅰ, 영어Ⅱ, 영어독해와 작문	
탐구	통합사회	정치와 법, 사회문화, 생활과 윤리, 사회문제 탐구 중 택 2~3	
	통합과학	운동과 건강, 스포츠 생활, 음악감상과 비평, 미술감상과 비평	
예술	체육, 음악, 미술	운동과 건강, 스포츠 생활, 음악감상과 비평, 미술감상과 비평	
생활교양	제2외국어Ⅰ, 한문Ⅰ 중 택 1~2 심리학, 보건, 제2외국어 Ⅱ 중 택2~3		

공학계열은 무엇을 공부해야 할까?

공학계열은 수학의 기본, 미적분, 기학까지 배울 필요가 있습니다. 수학교과 중 일반선택과목의 수학Ⅰ, 수학Ⅱ, 미적분, 확률과 통계 그리고 과학교과 중 물리학Ⅰ, 화학Ⅰ, 지구과학Ⅰ 그리고 생활과교양교과의 기술가정, 정보, 환경 등을 이수하면 좋습니다. 좀 더 공부하고 싶으면 전문교과의 과학계열에서 고급 수학Ⅰ, 고급 물리학, 물리학 실험, 정보과학 등을 더 학습할 수 있습니다. 모든 공학 전공에서는 기술공학의 일반적인 내용이나 창업 등을 고려한 기업경영 및 지식재산권 관리가 중요하므로 공학 일반, 창의경영, 지식 재산 일반 등의 과목을 이수하면 유리합니다.

공학계열 선택과목 예시

<table>
<tr><th>구분</th><th>1학년</th><th>2학년</th><th>3학년</th></tr>
<tr><td>기초</td><td>국어, 수학, 영어,
한국사</td><td colspan="2">문학, 독서, 화법과 작문, 언어와 매체,
수학Ⅰ, 수학Ⅱ, 미적분, 확률과 통계, 기하, 인공지능 수학,
영어Ⅰ, 영어Ⅱ, 영어독해와 작문</td></tr>
<tr><td rowspan="2">탐구</td><td>통합사회</td><td colspan="2">경제, 정치와 법, 사회문화, 한국지리 중 택 1~2</td></tr>
<tr><td>통합과학</td><td colspan="2">물리학Ⅰ, 화학Ⅰ, 생명과학Ⅰ, 지구과학Ⅰ 중
택 3~4
물리학Ⅱ, 화학Ⅱ, 생명과학Ⅱ, 지구과학Ⅱ,
생활과 과학, 융합과학 중 택 2~3</td></tr>
<tr><td>예술</td><td>체육, 음악, 미술</td><td colspan="2">운동과 건강, 스포츠 생활,
음악감상과 비평, 미술감상과 비평</td></tr>
<tr><td>생활교양</td><td colspan="3">제2외국어Ⅰ, 한문Ⅰ 중 택 1~2
환경, 인공지능 기초, 공학 일반, 가정 과학 중 택1~2</td></tr>
</table>

아이의 진로 성장 과정을 드러낸 세특, 이렇게 쓰자

학교생활기록부를 평가할 때 가장 면밀하게 들여다보는 항목이 바로 과목별 세부능력 및 특기사항, 즉 세특입니다. 세특은 각 과목의 수업 시간에 학생의 수업 태도와 관심사, 수행과제, 자유발표 등을 중심으로 담당 과목 선생님이 관찰한 내용의 기록입니다. 학생부종합전형 시행 초기에는 학생의 수업태도와 성실성 등을 전반적으로 기록했다면 최근에는 학생의 관심사는 무엇이고 어떤 내용과 연결하여 어떤 방식으로 문제를 해결하는지를 중심으로 기재합니다. 주로 수행평가 활동이나 자유발표, 수업 중 진행했던 탐구 주제가 기재되며, 특정 탐구 주제와 교과 개념이 드러나 있는 것이 좋습니다. 세특은 수시 학생부종합전형과 학생부교과전형에서 뿐만 아니라 정시전형의 교과 반영에서도 참고하는 항목이므로 절대 소홀해서는 안 됩니다.

학생부종합전형 평가의 기본은 학교 활동이고 그중에서도 꽃은 수업입니다. 입학사정관은 학생이 과목 수업에서 무엇을 배웠고, 배운 개념을 어떤 문제에 적용하고 활용하여 심화시키고 확장시켰는지 현미경을 가지고 들여다봅니다. 세특은 상위권 대학의 학생부교과전형에서도 중요하게 반영하는 항목입니다. 특히 모집단위 학과에서 중요하게 보는 필수권장과목의 세특은 특별히 관리해야 합니다. 탐구과목은 학생의 관심사와 전공적합성을 보여줄 수 있는 과목이므로 1학년 때 배우는 통합사회와 통합과학의 여러 단원 중에서 아이의 희망 전공과 관련된 단원을 자유발표 등의 탐구 주제로 다루면 학생부종합전형의 좋은 출발이 될 수 있습니다.

1학년은 공통과목이라 아이의 관심사를 바탕으로 진로를 찾아보는 탐색 과정이기도 합니다. 같은 과목을 공부해도 아이의 흥미와 적성이 어디에 있는지 드러난 학교생활기록부를 대학은 좋아합니다. 1학년 때 관심이 싹트고 관련 활동이나 심층 탐구를 통해서 깊이를 더하고, 2학년 때 본격적으로 관련 과목을 선택해 지식의 체계를 잡는 그림이 있는 학교생활기록부를 대학은 가장 좋아합니다. 이렇게 시작된 관심사가 2학년과 3학년 때 진로과목이나 전문과목을 통해서 더욱 확장해 나간 모습을 보인다면 최상의 학교생활기록부가 될 것입니다.

예를 들어볼까요? 경제학과나 경영학과를 희망하는 학생이라면 1학년 때 통합사회(공통과목)의 경제 관련 단원에서 관심사를 탐구하고, 2학년때 경제(일반선택과목)를 선택하여 체계를 잡은 후 심층 탐구과제를 수행하면 경제학과 전공적합성이 보입니다. 관련해서 3학년 때 사회문제 탐구(진로선택과목)나 실용 경제(진로선택과목)를 통해서 관련 주제를 실생활에 적용해 보는 방식으로 심화시켜 보세요. 이 과정에서 탐구 주제 관련 도서를 활용하는 모습, 이웃 과목인 수학이나 윤리와 사상 등에서 배운 개념이나 방법을 활

사회교과 이수 및 진로 성장 예시

용한다면 최상의 세특 활동이 탄생됩니다.

좋은 세특을 만들기 위해서는 과목의 학년별 연계성과 위계성을 파악하고 관련 내용들이 어떻게 연결되고 심화할 수 있는지 분석해야 합니다. 교과서를 기본으로 지식을 확장하고 연계해 나가는 과정에서 관련 도서를 탐독하거나 관련 논문을 참고하는 등의 모습을 보여주면 더할 나위가 없죠. 학생부종합전형은 결과 못지않게 동기와 과정까지 평가하기 때문에 이러한 구체적인 모습을 보였을 때 좋은 평가를 받을 수 있습니다.

입학사정관은 세특에서 무엇을 찾으려고 할까?

입학사정관의 관점에서 학생의 세특을 읽을 때 찾아내고 싶은 내용은 뭘까요? 서술형 문제나 수행평가에서 답안을 채점할 때 출제자가 요구한 내용을 학생이 정확하게 썼는지를 기준으로 평가하듯이, 세특도 마찬가지입니다. '입학사정관은 세특에서 무엇을 찾고 싶어 할까?' 이런 물음을 스스로 해보고, 그 물음에 대한 답을 아이의 세특이 제공하고 있는지 생각해 보세요.

입학사정관의 선택을 받는 세특은 디테일에 답이 있습니다. 우선 수업에 성실하게 임했는지는 기본이겠죠. 내용적인 측면에서는 어떤 주제를 과제로 다뤘는지, 그 깊이는 어느 정도인지, 활동이 구체적인지, 다룬 주제가 모집단위의 전공과 연계되어 있는지 등을 관심 있게 봅니다. 방법적인 측면에서는 어떨까요? 주제를 풀어내는 학생의 방식이 어떤지 살펴봅니다. 탐구 주제에 관심을 갖게 된 동기부터 어떤 방법으로 주제를 풀어냈는지 문제 해결 과정도 중

입학사정관이 학생부 교과+세특을 평가하는 방법 예시

유형/영역	창의적 체험활동	교과 세특
전공적합성	〈진로활동〉 수업시간에 교사의 학과 추천으로 신소재 공학 연구원이라는 꿈을 가지게 되었고, 이를 계기로 IT 뉴스를 보고 층간소음을 줄이는 신소재, 신소재로 만든 교복 등의 스크랩북을 만드는 등의 활동을 진행함.	〈화학1〉 탄소동소체의 성질을 배우게 됨으로써 미래의 신소재 개발에 대한 관심도가 높아져 스스로 도서 자료, 자료 조사, 논문 형식의 보고서 작성 등을 체계적으로 진행함.
경험 다양형1 (경험 다양성)	〈자율활동〉 축제 도우미로 점심시간마다 교내 축제를 위한 회의에 참여하고 놀이마당 '하이탑' 도우미로서 학생들에게 게임 규칙을 설명하고 게임에 대해 공정하게 심판을 내림.	〈미적분〉 평소 관심 있던 '인도 베다수학'에 대해 관련된 서적과 영상을 찾아보고 베다수학의 독특하고 간편한 풀이 방법을 비교 분석하여 실제 문제 풀이에 적용하여 문제를 해결하는 모습이 인상적임.
경험 다양형2 (발전가능성)	〈청소년 동아리 비전메이커〉 지역사회의 문제점에 대하여 고민하고 해결 방법을 찾으려고 노력하였으며, 이를 알리기 위해 지역 시민들에게 설문지를 사용하여 캠페인 활동을 함. 청소년들의 문제점뿐만 아니라 더 큰 사회의 문제까지 해결해 나가고자 열심히 참여하였음.	〈생명과학2〉 생명활동에 관여하는 여러 기관계 작용에 관심이 많아 이에 대한 다양한 생각과 질문 혹은 관련 서적을 통해 궁금증을 해결해 나감(지난 학기에 비해 성적이 한 등급 낮아졌기에 이를 보완하려는 세특).

요합니다. 과제 해결을 위해 확장된 개념을 활용하거나 자신만의 독특한 방법을 고안했다면 아주 좋은 평가를 받을 수 있습니다. 관련한 도서의 활용, 논문이나 강연 등 적극적으로 자료를 활용하는 모습을 보여준다면 더할 나위가 없죠. 단순히 내용을 이해한 것에서(지식) 나아가 실생활이나 문제 해결에 적용하는 모습(응용), 다른 과목과 연계하거나(융합) 개념을 확장하며 깊이를 더해가는(심화) 모습이 드러나 있는 세특이어야 합니다.

잘 쓴 세특 vs 못 쓴 세특 예시

	못 쓴 세특	잘 쓴 세특
기록	한국지리: 흥미를 갖고 지리 과목에 접근하고자 노력하는 모습이 돋보이는 학생으로 모르는 개념이 있으면 바로 교무실로 찾아와 즉시 궁금증을 해결함으로써 개념을 정립해 나가는 모습이 인상적임.	적분과 통계: 수학에 대한 기본기가 탄탄하며 심화된 내용을 스스로 소화해 내고자 하는 집념이 강한 학생. 1) 수학적 사고력을 요하는 다양한 인접 학문 및 사회적 현상에 대한 호기심이 강하여 이에 대해 탐구하는 것을 즐김. 2) 특히 '미분방정식과 물리학 및 경제학의 연관성'에 대한 주제로 보고서를 작성하면서 수학1의 원리합계를 미분방정식과 연관 지어보는 참신한 발상을 보여준 바 있음.
평가	학생의 노력하는 모습에 대해 구체적인 사례가 없다. 모르는 개념을 바로 선생님께 질문하여 궁금증을 해결한다는 내용이 제시되어 있기는 하나, 이것은 자기주도성의 측면에서는 오히려 부정적인 평가를 받을 수 있음.	1)을 뒷받침하는 2)의 사례를 통해 수학을 토대로 다양한 영역을 넘나드는 확산적 사고와 탐구를 즐기는 학생임을 알 수 있다. 그리고 수학 학습의 체계가 견고하고, 이를 기반으로 수업에 대한 이해도 역시 높다는 점, 학생 스스로 심화 학습을 구성하고 전개했던 과정까지를 언급하여 전체적으로 학생의 학업적 매력도를 높이고 있음.

출처: 학생부 세특 평가 및 작성 특강(송민호)

학교생활기록부는 1학기는 8월 말일, 2학기는 2월 말일까지 마감입니다. 아이가 한 학기 혹은 1년 동안 했던 활동이 누락되지 않도록 엄마는 각별히 신경 써야 합니다.

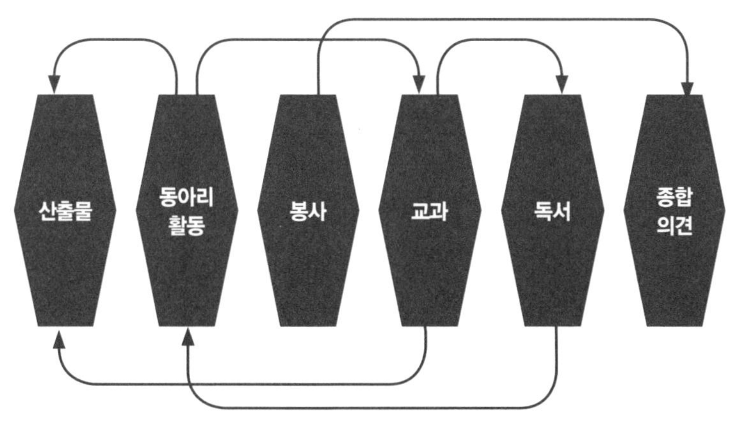

교과-비교과의 활동 연계

세특은 과목별로 500자(1500바이트)가 기록되는데 학기 중에 진행한 프로젝트 과정에서 발휘했던 창의적인 문제 해결 과정이 구체적으로 들어가는 것이 좋습니다. 교과서에만 머물지 말고 도서, 논문, 관련 사이트, 동영상 강의 등 다양한 탐구 자료를 활용한 모습도 보여주어야 합니다. 입학사정관은 과목 수업 시간에 학생이 구체적으로 어떤 활동을 어떻게 했는지 보려고 합니다. 그러니 아이가 다룬 탐구 주제가 진로나 희망하는 전공이나 학과와 연계되어 있으면 좋겠죠. 전공이나 학과에 대한 이해도가 높을수록 활동을 계획하거나 콘텐츠를 선택할 때 도움이 됩니다. 아이의 희망 대학, 희망 학과의 홈페이지를 통해 학과 교육과정, 학과 뉴스, 교수별 연구 동향 등을 살펴보는 걸 추천합니다.

이렇게 세특을 중심으로 과목에서 다뤘던 핵심 키워드를 자율활동이나 진로활동, 동아리활동 등 비교과활동과 연계해서 확장해 보세요. 학생부종합전형에서 뽑고 싶은 인재상은 다양한 활동보다 과제나 관심 주제에 대한 호기심을 놓치 않고 계속 연결하고 탐구해 나가는 집착력이 있는 학생입니다. 발전가능성이 높다고 보는 것이죠. 입학사정관이 학생의 서류를 읽고 평가할 때는 창의적 체험활동(창체)과 과목별 세부능력 특기사항(세특), 행동특성 및 종합의견(행특)을 학년별로 묶어서 평가합니다. 또 학업 역량, 전공적합성, 인성 및 발전가능성은 학기별 또는 학년별로 추적 평가합니다. 따라서 교과에서 습득한 개념을 동아리활동이나 진로활동 등에 연계해 지속적으로 탐구해 나가는 것이 좋습니다. 교과와 교내대회, 동아리활동, 독서활동 등 비교과활동과 연결된 스토리가 있는지 찾아보세요. 입학사정관들은 교과와 비교과를 연계해 학생을 파악할 수 있는 특정 키워드를 중심으로 학생의 성장과 발전 과정을 확인하거든요. 따라서 자신만의 개별적 특성을 알 수 있는 핵심 키워드가 교과와 비교과에 드러나 있는지 확인하는 게 무엇보다 중요합니다.

엄마가 교과와 비교과활동을 모두 기록해야 하는 이유

'동아리가 중요하다고 하던데….' '진로활동에 이런 내용이 들어가야 한다고 했어.' '모든 학교 활동을 열심히 해야 대학에 잘 간다던데.'

고등학교 신입생의 머릿속은 이런 생각으로 가득 차 있습니다. 어떤 프로그램에서 활동한 선배가 서울대에 진학했다는 사례를 떠올리며 비교과활동을 설계하는 데 주력하죠. 원하는 동아리에 못 들어가면 대학에 떨어진 것처럼 슬퍼하는 아이도 있습니다. 물론 전공 관련 동아리에 들어가면 좋죠. 하지만 못 들어가도 괜찮습니다. 동아리가 아니더라도 전공 관련 탐구 역량을 풀어낼 활동은 얼마든지 만들어낼 수 있으니까요.

비교과활동보다 더 중요한 것은 교과활동입니다. 교과활동보다 더 중요한 것은 교과 성적이고요. 때문에 무엇보다 중간고사와 기말고사 시험에 집중해야 합니다. 학교 프로그램은 어차피 내신 성적 좋은 아이들의 몫이 된다는 것을 잊지 마세요. 비교과 10개가 하나의 교과를 이기지 못하는 것이 학생부종합전형입니다. 전공 관련 활동을 동아리에서 하지 못하면 진로활동이나 자율활동 그리고 개인 세부능력 및 특기사항에서 탐구 역량을 펼쳐내면 됩니다.

대학이 학교생활기록부에서 보고 싶은 것은 고등학교 교육과정을 통해서 아이가 관심과 적성을 어떻게 성장시키고 발전시켜 나갔는지입니다. 1학년부터 3학년까지 관심 분야를 교과와 비교과 활동에 어떤 그림으로 풀어낼지도 고민해 보세요. 과목마다 단발적인 활동을 여러 개 하는 것보다 1학년 때 생겼던 관심을 2학년과 3학년 과정에서 어떻게 지식의 체계에 맞게 확장하거나 심화하거나 융합하며 성장시켜 나갈지 고민해야 합니다.

학생부종합전형은 '적자생존'입니다. 무슨 뜻이냐고요? 제가 강의 중에 자주 하는 말인데, '적는 자만 살아남는다'는 의미로 쓰고 있습니다. 아이의 모든 학교활동은 적어야 하고, 또 적혀야 의미가 있습니다. 학교생활기록부는 학생이 대학에 제출하는 유일한 서류입니다. 여기에 적힌 내용이 곧 학생 자체라고 할 수 있습니다. 고

학교생활기록부 교과+비교과 항목별 내용과 글자 수

항목	영역	내용	기재 글자 수
교과	이수 과목 세특	· 과목 담당 교사의 학생 관찰 기록 · 교육과정상 학생이 이수한 과목	과목당 500자
창의적 체험활동	자율활동	· 학교에서 운영하는 프로그램	연간 500자
	동아리활동	· 학생 자율 프로그램 · 정규 동아리 반영/자율 동아리 미반영	연간 500자
	봉사활동	· 학교 교육과정상 운영 · 특기 사항 미기재 · 개인 봉사활동 대입 미반영	교내 봉사활동 시간 기재
	진로활동	· 학교에서 운영하는 프로그램 · 진로 탐색 활동 · 진로 희망 분야 대입 미반영	연간 700자
종합 의견		· 담임 교사의 학생 관찰 기록 (인성 중심)	연간 500자

교블라인드 시행으로 인해 학교생활기록부에 적힌 내용 외에 학생의 배경을 짐작할 수 있는 요소는 현실적으로 없습니다. 중간고사, 수행평가, 기말고사, 비교과활동 등 고등학교는 숨 막힐 정도로 빽빽하게 돌아갑니다. 아이가 했던 활동이 기록에 누락되는 일은 없어야 하는데 현실은 녹록지 않습니다.

예를 들어 동아리는 1년에 30시간 이상 활동해야 하는데 그 기록은 고작 500자로 적힙니다. 그 500자에 어떤 내용이 담겨야 할까요? 아이가 수행한 동아리활동 중에서 입학사정관이 보고 싶은 내용이 알차게 들어가야 합니다. 누구보다 열심히 활동했음에도 막상 적히지 못한다면 입시에서는 아무 의미가 없는 시간이 되어 버리기도 합니다. 학년 말에 동아리활동란에 들어갈 내용을 정리하지 못하는 경우가 많습니다. 정말 안타까운 일이죠. 3월부터 12월까지 해왔던 활동을 떠올리는 것은 쉽지 않은 일이니까요. 따라서 학교에서 담당 선생님들이 적어주기 위한 기본 정보는 아이와 엄마가 모두 파악하고 요점을 정리해 놓아야 활동을 누락하지 않고 적을 수 있습니다.

학생부종합전형을 준비할 때 엄마가 아이를 도와줄 수 있는 가장 실질적인 부분은 학교활동 기록입니다. 고등학교 학교생활기록부를 바탕으로 학교활동 기록지를 만들어 평소에 아이의 활동이나 탐구 프로젝트 등을 빠짐없이 기록해 놓아야 합니다. 이 과정에서 엄마는 아이에 대한 이해가 깊어지고 다음 학년의 활동도 함께 계획해 보면서 학교생활기록부 기록에 실질적인 도움을 줄 수 있습니다. 학교에서 운영하는 프로그램이 학교생활기록부 어느 항목에 기록되는지 안내하기도 하므로 학교에 문의해 보면 좋습니다. 기본적인 기록은 아래 제시한 표를 참고해서 아이가 소속된 학교에 맞는 학교활동 기록지를 제작해서 기록을 도와주세요.

학교생활기록부 바탕 학교활동 기록지 예시(교과 영역)

과목명	기록할 내용 탐구 주제(교과 수행/자유발표) 및 수업 중 인상적인 내용
국어	· 국어교과와 연계한 도서(소설, 비문학), 작가, 작품 등을 기록 · 국어 수행평가 시 교과서의 개념을 활용한 사례
영어	· 수행평가나 보고서 예시 · 영어 실력을 바탕으로 진로 연관된 주제 · 원서 활용 사례
수학	· 수학 개념을 구체적인 문제 해결에 적용 · 수행평가 주제, 문제 해결 방법 · 수학 도서 활용 사례
통합사회	· 교과 핵심 개념을 바탕으로 관심사를 보여주는 시사 이슈 · 수행 과제나 보고서, 도서 연계
통합과학	· 아이의 진로와 연계한 프로젝트 주제와 내용 · TED나 논문, 시사 이슈와 연계한 수행 및 보고서
개별 탐구 프로젝트 (개세특)	· 진로와 교과를 융합한 탐구 프로젝트 내용 (개인별 세부능력 및 특기 사항은 세특란에 기록함)

학교생활기록부 바탕 학교활동 기록지 예시(비교과 영역)

활동 항목 및 평가 요소	활동 기록 포인트 (활동 때마다 1~2줄 정도 요약해서 기록)
자율활동 (사회성, 리더십, 소통 능력, 성실성, 학업 역량)	· 학급이나 학교의 특색활동 · 주로 학교에서 진행하는 프로그램에 참여 · 활동 예시 –수학과학 우수 인재 양성 프로그램 –4차산업 관련 이공계 진로 특강 –창의융합연구 프로젝트 –코딩 멘토링 교실 등

동아리활동 (전공(계열)적합성, 자기주도성, 학업 역량)	· 학생 주도적 활동 · 정규 동아리활동이 중요 · 활동 예시 –진로 관련 콘텐츠(본인 프로젝트 주제) –동아리(조직 운영/민주적 의사결정/조직 개선) –활동계획서에 따라 운영하려고 노력 –협력 및 리더십 보여준 사례
봉사활동 (나눔과 배려 정신, 리더십, 공동체의식)	· 학교 교육 계획에 따라 실시한 활동만 기록 · 교내 봉사활동은 일관성, 지속성, 진정성 중요 · 활동 예시 –학교 연계 기관 봉사 –학교 정화 활동 –학급 1인 1역할
진로활동 (전공(계열)적합성, 진로성숙도, 학업역량)	· 희망진로: 기재하되 미반영
	· 학교에서 진행하는 프로그램 중 진로 관련 활동 참여 · 진로 탐구 역량을 알 수 있는 교내 대회 대체로 활용 · 활동 예시 –진로 탐색 프로그램 –진로적성검사 –대학 전공 및 직업 체험 –진로 진학 상담 –진로 역량 프로그램 참여

학교생활기록부 바탕 학교활동 기록지 예시(행동 특성 및 종합 의견)

행동 특성 및 종합 의견 (인성)	· 기재 내용 –인성을 바탕으로 담임 교사가 기재. 구체적인 에피소드가 있으면 좋음 · 학급을 위해 다양한 이벤트, 나눔, 봉사 등의 모습을 보이도록 노력 · 담임 교사와 좋은 관계 매우 중요

내신 낮은데 학종 계속 가져가야 할까?

1학년 성적이 1~2등급대 아이들은 이렇게 학생부종합전형을 체계적으로 준비하면 됩니다. 하지만 목표하는 대학에 성적이 미치지 못하는 학생들이 더 많기 때문에 모든 학생이 학생부종합전형으로 대학에 갈 것처럼 준비하는 것은 위험할 수도 있습니다. 만약 아이의 목표는 인서울 상위권 대학인데 내신 성적은 현재 고등학생 기준 4등급 이하라면 학습 전략을 수정해야 합니다. 물론 2학년 이후 성적이 오를 수도 있지만 고등학교에서 드라마틱하게 성적이 오르는 것은 쉽지 않은 일입니다. 따라서 학생부종합전형에서 논술전형과 정시전형으로 전략을 수정할 가능성을 열어놓아야 합니다.

대학 입시는 학년이 올라갈수록 하나씩 버리는 과정이기도 합니다. 기대를 품고 열심히 했지만 생각만큼 성적이 나오지 않을 때, 학생부종합전형을 계속 가져가는 것보다 버리는 것이 더 현실적인 선택이 될 수 있습니다.

입시 기사를 쓰려면 진학 담당 선생님들을 많이 취재해야 합니다. 그럴 때 많은 선생님들이 "진학상담을 하다보면 솔직히 다 버리고 논술하고 수능하자"고 말해주고 싶은 아이들이 많다고 얘기하는 경우를 종종 봅니다. 그만큼 안타까운 경우가 많다는 뜻이죠. 사실 학교 선생님은 학생들에게 학생부종합전형을 버리라고 말할 수 없는 측면이 있습니다. 내신 경쟁이 너무 치열해서 많은 학생들이 정시에 집중하는 것이 훨씬 효율적인 상황이어도 그렇습니다. 학교활동을 포기하는 아이들이 늘수록 학교 프로그램이 제대로 운영되기 힘들기 때문입니다. 그러나 엄혹한 입시 현실에서 누군가는 해주어야 하는 말입니다.

무엇보다 고등학교 1학년 성적은 아이의 멘탈 관리에 중요한 기준이 되기도 합니다. 1학년 성적이 잘 나오면 자신감이 생기고 공부에 더욱 매진하지만 생각보다 성적이 잘 나오지 않았을 때 멘탈이 무너지는 학생이 많습니다. 목표 대학에 근접한 내신을 받았다면 우상향으로 성적을 올릴 가능성이 있지만, 목표 대학과는 거리가 먼 성적을 받았다면 2학년 때 모든 과목과 학교활동을 다 하면서 성적까지 올릴 수 있을지 진지하게 고민해 봐야 합니다. 1학년 때부터 학생부를 포기하는 학생은 많지 않기 때문에 대부분의 아이들은 비교과에 매진합니다. 내신 공부에 힘이 부치는 상황에서 동아리활동, 자율활동, 진로활동 등 모든 학교활동에 참여하며 시간을 보내는 것이죠. 아직 학교에 적응하는 시기이기에 교과 내신과 비교과활동을 감당하다 보면 아이는 힘들어 합니다. 내신 성적이 상위권을 유지하면서 비교과활동까지 여유 있게 해내는 학생은 한 학교에서 손가락으로 꼽을 정도로 적습니다.

내신 성적이 뒷받침이 되지 않는데 비교과까지 성실하게 수행하느라 힘들어하는 아이가 가장 안타깝습니다. 고등학교 1학년이 지나면 입시에 대해 어느 정도 파악하게 되는데, 문제는 엄마나 아이나 포기할 것은 포기하고 집중할 것은 집중할 수 있게 시간과 에너지를 모으는 것이 쉽지 않다는 것입니다. 고등학교에서 아이가 하는 모든 활동과 경험은 의미 있습니다. 그러나 입시만을 생각하면 앞으로 남은 시간을 어떻게 효율적으로 쓸지, 아이가 할 수 있는 것과 하기 힘든 것을 냉정하게 파악하고 합격 가능성이 높은 전형은 무엇인지 파악하고 이에 집중해야 합니다.

내신 경쟁이 치열한 학교에서는 이런 상황에 놓인 아이들이 더 많습니다. 이런 학교에 진학한 아이들은 고등학교에서 자신의 내신이 깨질 수도 있다는 사실을 인지하고 진학하기도 합니다. 그 아이들은 일단 부딪혀 보고 내신이 깨졌을 때 수시와 정시 입시 전략과 공부 계획을 세웠을 가능성이 높습니다. 이렇게 예상했던 일이 실제로 일어나면 학생들은 멘탈이 무너지지 않습니다. 그럼에도 왜 이렇게 힘든 학교를 선택할까요? 이 학생들은 애초부터 논술과 수능으로 대학에 가겠다는 생각이 크기 때문입니다. 그래서 이왕이면 공부 분위기가 확실하게 잡혀 있는 학교에서 전국 학생들을 경쟁자로 자신과의 싸움을 시작할 수 있는 것이죠.

가장 안타까운 상황은 진학 이후에 자신의 성적을 예상하지 못하고, 1학년 첫 중간고사 성적을 보고 충격받아 멘탈이 흔들리면서 학교활동을 제대로 하지도, 안하지도 못하면서 1학년을 보내는 아이들입니다. 고등학교의 학사 일정은 학생부종합전형에 맞추어 있다고 봐야 합니다. 이 전형을 위해 학교의 교육과정과 전공연계 활동 프로그램이 설계되었기 때문입니다. 하지만 앞서 언급했듯이 고등학교 3학년 때까지 학생부종합전형을 가져가는 아이는 많아야 20~30%밖에 되지 않습니다. 대부분의 아이들이 학생부종합전형을 준비했다가 학년이 올라갈수록 하나씩 포기하고, 논술과 수능으로 갈아타는 길을 걷습니다. 고등학교 상황이 이렇다는 걸 깨닫고 현실적인 대책을 누가 먼저 강구하느냐에 따라 만족한 입시 결과를 낼 수 있다는 걸 명심해야 합니다.

학종이라는 희망고문! 그럼에도 불구하고 학종!

다 잘할 수 없다면 잘할 수 있는 것, 아니 대학을 잘 가기 위해 꼭 해야 하는 것이 무엇인지 가지를 쳐주는 것이 중요합니다. 고등학교 1학년 2학기 말에 목표 대학과 아이의 성적이 멀어져 있다면 과감하게 다이어트를 해야 합니다. 이것이 가장 현실적인 엄마의 역할입니다. 이 활동 다이어트를 고등학교 2학년 1학기 이후에 단행하는 경우가 많지만 아이의 성적에 따라서, 인서울 대학 목표 기준 4등급 이하 내신이라면 학생부종합전형은 버리는 게 현명할 수도 있습니다.

학생부종합전형은 교과 성적이 상위권이어야 하고, 학교에서 하는 모든 활동에 적극적으로 참여해야 합니다. 아이의 모든 시간을 시험과 과제와 활동에 바쳐야 합니다. 아이가 하는 모든 활동이 학교생활기록부에 기록이 되어야만 학생부종합전형은 의미가 있죠. 열심히 활동했어도 적히지 않으면 결과적으로 무소용이기 때문입니다. 학생부종합전형의 인재상에는 학생의 자기관리까지도 평가의 요소임을 잊지 말아야 합니다.

학생부종합전형은 재학생이 대학을 잘 갈 수 있는 방법입니다. 논술전형은 경쟁률이 너무 높고, 정시전형은 반수생, N수생과 싸워 이겨야 하는 큰 벽이기 때문입니다. 대학 입장에서 학생부종합전형은 학생의 학업 역량과 전공적합성, 도전정신, 성실성, 발전가능성, 인성 등을 다면적으로 평가할 수 있는 가장 이상적인 선발 방법입니다. 서울대가 학생부종합전형을 좋아하고 정시에서도 교과 내신을 반영하는 이유입니다. 학생 입장에서도 고등학교 1학년 때부터 내신 성적이 잘 나오고 전공에 대한 열정이 뛰어나면 이보다 더 좋은 입시는 없을 것입니다. 그러나 이렇게 모든 것이 좋기만 한 학생은 한 학교에 몇 명 되지 않습니다. 그러니 현실을 냉철하게 파악하는 게 중요합니다. 혹시나 하는 마음에 학생부종합전형 준비로 고등학교 2학년, 3학년까지 너무 멀리 와버리면 그제야 포기할 수도 없는 안타까운 상황이 발생합니다.

사실 학생부종합전형을 포기하는 것은 정말 쉽지 않습니다. 중학교 때부터 목표 전형으로 삼았고, 그에 맞게 고등학교를 선택했으며, 1년 동안 매진해 왔으니 그럴 만도 하죠. 게다가 성적을 잘 받는 것이 힘들지 비교과활동은 상대적으로 힘이 덜 드는 것도 사실입니다. 흥미와 적성에 따른 탐구활동을 재미있어 하는 아이들도 많고요. 문제는 성적입니다. 물론 성적이 안 된다고 무조건 학생부종합전형을 버려야 하는 것은 아닙니다. 학생부종합전형을 포기하기가 아쉽다면 '대학어디가' 사이트에 올라온 대학별 내신 합격컷을 참고해서 목표 대학의 내신 합격 가능성을 분석해 보는 것도 좋은 방법입니다. 보통 교과전형은 수능최저기준 충족을 요구하고 있기 때문에 3월과 9월, 11월에 보는 모의고사 성적도 고려해야 합니다. 세 번의 수능모의고사에서 국영수 평균 성적이 내신 성적보다 높다면 수시전형은 논술을 준비하고 정시에 집중하는 것이 좋을 수 있습니다. 하지만 반대로 수능모의고사 평균 등급이 내신보다 낮다면 끝까지 수시 학생부 중심 전형에 집중하는 것이 맞습니다. 다만 이 경우는 내신과 학생부활동을 중심으로 입시 전략을 짜야 하기 때문에 목표 대학을 낮춰야 합니다.

★ ★ ★ ★ ★ 슬기로운 입시 정보

학교생활기록부에 독서활동을 녹여내는 법

송림고등학교 국어교사 김은선

2024 입시부터 학생부종합전형에서 독서 기록을 미반영하겠다는 발표가 있었습니다. 하지만 대학은 여전히 독서를 중요한 평가 요소로 보고 있습니다. 독서는 모든 학습과 사고력의 기초가 되고 교과 수행평가와 비교과활동의 시작이기 때문이죠. 고등학생의 독서는 상위권 대입에서 가장 중요한 학업 역량 증명 요소가 됩니다. 독서 능력을 바탕으로 학업 역량을 키우고 이를 통해 입시까지 준비하려면 어떻게 해야 할까요?

차근차근 준비한 노력과 끈기가 담긴 학생부에는 반드시 독서가 담깁니다. 우선 학생부종합전형을 살펴보아야 합니다. 학생부종합전형은 어느 날 갑자기 만들어진 입시 제도가 아닙니다. 특목고와 각종 중점학교의 학생들을 대상으로 한 특별전형에서 포트폴리오와 우수성 입증 자료를 분석해서 선발했던 방식이 확대, 정착된 전형입니다.

그렇다면 학생부종합전형에서 어떤 전략을 수립해야 대학 입시에 성공할 수 있을까요? 자신의 진로와 연관된 다양한 활동을 하면서 2~3년 동안 꾸준히 준비한 내용을 학교생활기록부에 기재하는 것이 가장 중요합니다. 차근차근 준비한 노력과 끈기가 담긴, 개성 있는 학생부만이 학생의 성장과 대학 합격이라는 두 가지 목표를 이뤄줍니다. 그리고 그 핵심에 바로 독서가 있습니다.

주요 대학의 경우, 학생부종합전형에서 학업 역량과 전공적합성은 당락을 결정하는 중요한 요소입니다. 현재 학교생활기록부에는 독서활동 상황만 간단히 기록할 수 있고 입시에 미반영되지만, 독서를 통한 깊이 있는 탐구와 성찰활동은 창의적 체험활동과 세부능력 및 특기사항(세특), 행동 특성 및 종합의견 등 학교생활기록부 곳곳에 다양한 방식으로 기록할 수 있습니다. 독서력을 토대로 지식에 대한 호기심과 사유를 확장시키며 자기주도 학습을 이끄는 학생이야말로 대학이 선발하고 싶은 인재입니다.

이러한 면모는 독서와 교과목 수업을 끊임없이 연결하고 지식과 정보를 융합한 경험으로 판단할 수 있습니다. 가장 자연스럽게 독서활동을 기록할 수 있는 부분이 바로 수행평가입니다. 학생 중심, 과정 중심, 성장 중심의 평가와 더불어 내신에서 수행평가의 비중은 갈수록 늘어가고 있습니다. 수행평가는 대부분 서술 · 논술형 평가로 진행되며 학생들은 적절한 서술 능력과 논지 파악 능력, 사고력, 논리력, 글쓰기 실력 등을 갖추어야 합니다. 따라서 어떤 책을 읽고 주요 내용을 요약 기록하고, 모둠별 토의 토론을 통해 다양한 생각을 살피면서 자신만의 시각으로 다시 해석해 독후감이나 서평으로 완성해 보는 활동이 매우 중요합니다.

입시만을 위한 공부, 교과서만으로 하는 공부는 깊이와 통섭 역량을 갖추기 힘듭니다. 자신이 가진 모든 지식을 융합해서 조화를 이끌어내는 지식이야말로 진정한 지식이며 이것이 수행평가에 드러나고 이후 과세특에 드러나게 되죠. 독서가 연결되는 가장 중요한 지점이 교과세부능력인 교과 역량이므로 독서를 학업 역량과 연결함으로써 모든 탐구를 위한 활동이나 자료에 녹여내야 합니다. 2022 개정교육과정과 더불어 미디어리터러시, 디지털리터러시가 중요시되고 있으므로 책뿐만 아니라 신문 사설이나 논평, 잡지 등의 미디어 자료, 생성형 AI인 챗GPT나 뤼튼을 활용해 다양한 자료들을 찾고 자료의 내용을 직접 검증해 보는 작업도 문해력을 강화해 줄 수 있습니다.

토의 토론 수업, 프로젝트 학습, 발표하기, 보고서 쓰기 등 모든 활동에서 책을 중심으로 정보를 얻고 자료를 찾는 습관을 들이는 것도 중요합니다. 책을 통해 생각의 깊이가 더해지고 전문적인 내용으로 심화할 수 있기 때문입니다. 가령 교과 또는 타교과 융합형 프로젝트 수업을 진행할 경우 연구주제를 조사하고 토의 토론할 때 단순히 인터넷 검색 자료를 활용하기보다 주제와 연관된 책을 스스로 찾아가며 책에서 알게 된 사실, 앞으로 자신의 진로와 연관해 더 확장시켜 나가고 싶은 것들을 적어두는 것이 좋습니다.

매년 자신이 희망하는 전공 및 진로 관련 도서(2권 이상), 교과 연계 도서(5권 이상), 추천도서(3권 이상)를 균형 있게 선택해서 다양한 방식으로 심화하며 읽는 전략이 필요합니다. 학교생활기록부에 기재되는 학생의 독서 기록 내용은 고교 재학 기간 동안 학생의 관심 분야가 무엇이고, 어느 정도의 깊이와 이해의 폭을 가지고 꾸준히 학업 역량을 키워왔는지 한눈에 알아볼 수 있기 때문입니다.

한마디로 자신이 지원한 전공 분야에 대한 관심이 읽은 책의 내용과 수업 중 연계활동으로 기록되는 만큼, 학생의 진로 관심과 사유의 성장 흐름을 단번에 파악할 수 있는 평가 자료가 되기도 합니다. 고등학교 3개년간 교과활동과 비교과활동(자율, 동아리, 진로활동)에서 독서 포트폴리오를 어떻게 만들어갈지 구체적 계획을 수립하고 교양도서와 전공도서를 병행해서 읽어보세요. 또한 학년이 높아질수록 전공도서의 비중을 점차 높이고 심화시키는 것이 좋고 독서 기반의 탐구 과정이 실행과 성찰로 이어지게 해야 더욱 좋습니다.

창의적 체험활동의 진로활동 특기사항의 경우, 학년이 올라갈수록 비전과 가치관 중심에서 한발 더 나아가, 구체적인 고민과 목표를 담는 것이 좋습니다. 진로에 대한 생각이 독서를 통해 구체화 되었다면 독서가 자신에게 긍정적 · 발전적 영향을 주고 있음을 함께 강조해서 보여주는 것도 무척 중요합니다. 자율활동, 동아리활동에서도 독서 역량을 발휘하며 자신의 활동에 깊이를 더해주는 작업을 끊임없이 보여주는 것, 그것이 바로 대학이 원하는 학교생활기록부입니다.

7장

SEOUL
NATIONAL
UNIVERSITY

고2, 학종이냐 논술이냐 수능이냐

7장

목표 대학 10개, 빨리 정할수록 좋다

입시 전략은 매 학기 점검해 봐야 합니다. 그래야만 다음 학기에 주력해야 할 부분을 알 수 있습니다. 고등학교 2학년이 시작되면 1학년 성적 결과를 바탕으로 엄마는 큰 틀에서 정시와 수시 중 어느 전형에 주력할지를 아이와 함께 고민하는 시간을 가져야 합니다. 아이의 현재까지의 성적을 기준으로 합격할 가능성이 있는 대학을 상향-적정-하향 세 기준으로 나눈 뒤 10개 정도 대학과 학과를 조사해 보세요. 요즘은 대학 입시 정보가 모두 공개되어 있기 때문에 대학입학처 홈페이지에서 입결 자료를 구할 수 있습니다.

현재 성적에서 몇 등급이 상승할 경우 합격할 수 있는 대학은 '상향', 그대로 유지될 경우는 '적정', 성적이 떨어질 경우는 '하향'으로 놓고 수시 원서를 쓰듯이 10개 대학과 학과를 아이와 함께 선정해 보는 것이죠. 이 과정에서 아이는 자신의 목표를 뚜렷하게 파악하고 구체적으로 어떤 과목을 어느 정도 올려야 하는지도 알게 됩니다.

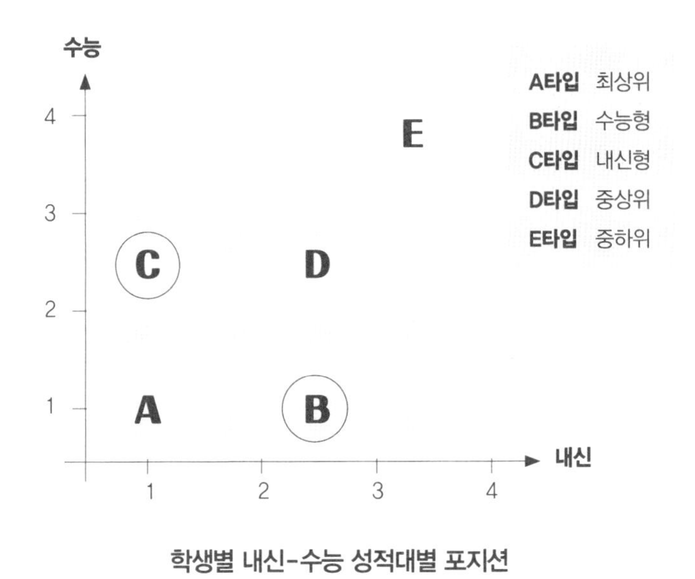

학생별 내신-수능 성적대별 포지션

불안함은 막연함에서 비롯됩니다. 목표 대학을 설정해 보는 경험을 통해 아이는 불안함을 떨쳐내고 강한 학습 동기를 갖게 될 겁니다. 막연함으로 불안감이 밀려오는 아이의 마음을 안정시켜 주는 데 성공하면 입시의 반은 성공한 것입니다.

아이의 내신 성적과 수능모의고사 등급을 보면 아이가 주력할 전형이 어느 정도 보입니다. 내신이 모의고사 성적보다 좋은 아이는 수시 내신형, 모의고사 성적이 더 좋다면 수능 정시형입니다. 이 아이들의 입시 전략은 단순합니다. 수시 내신형 아이는 학생부교과전형이나 학생부종합전형에 주력하고, 수능최저기준 맞추는 것을 목표로 공부하면 됩니다. 정시 수능형 아이는 수시에서는 논술전형을 준비하고 정시 수능으로 대학에 간다는 전략을 세워야 합니다.

하지만 논술전형이나 수능전형은 정말 좁은 문으로 들어가는 것임을 자각해야 합니다. 문제는 내신 성적과 모의고사 등급이 3~4등급대에 있는 아이들입니다. 입시 전략을 짜기가 가장 힘들고 스트레스도 많이 받는 포지션이죠. 이 아이들은 심층 상담을 통해 합격 가능한 전형을 정하고 학교활동을 최소화하는 것이 좋습니다. 학생부종합전형을 계속 가져가겠다고 결정했다면 대학을 낮춰야 하고, 논술전형을 지원하고자 한다면 수능최저 학력기준 충족 여부에 따라 목표 대학을 높일 수도 있습니다. 이러한 기준에 따라 주력해야 할 과목에 집중하는 전략을 세워야 합니다.

고등학교 2학년부터 학교에서 이수하는 과목은 수능의 핵심 과목입니다. 때문에 내신이 곧 수능 준비라는 생각으로 매진해야 합니다. 3학년 과목은 보통 수능 선택과목이거나 진로과목을 편성해 놓기 때문에 2학년 주요 과목을 열심히 하는 것은 사실상 수능 공부이기도 합니다. 2학년 1학기 기말고사까지의 성적을 기준으로 학생부교과전형이나 학생부종합전형으로 합격 가능한 대학을 찾아본 후 목표 대학에 미치지 못하는 등급이 나왔을 경우에는 입시 전략을 수정해야 합니다. 담임 선생님이나 진학 담당 선생님께 상담을 요청하는 것도 좋습니다. 또 '대학어디가' 사이트에서 온라인 상담을 받아볼 수도 있습니다. 다니고 있는 학원이나 입시컨설팅 전문가에게 의뢰하여 학교 내신과 비교과 그리고 3회 이상의 수능 모의고사 평균 성적을 바탕으로 아이의 객관적인 위치를 점검해 보는 걸 추천합니다.

수시 학생부 중심 전형에서 반영되는 학기는 재학생 기준 1-1, 1-2, 2-1, 2-2, 3-1 총 5개 학기입니다(재수할 경우에는 3-2도 반영). 2학년 1학기 말이 되면 총 5개 학기 중에서 3개 학기를 마친 상황이므로 진학할 수 있는 대학과 학과를 어느 정도 가늠해 볼 수 있습니다. 2학년 2학기에 성적이 크게 오를 가능성이 적다고 판단된다면 본격적으로 주력할 전형을 정하고 해당 전형에 경쟁력을 가질 수 있도록 몰입해야 합니다. 2학년 1학기 말쯤이 되면 학생부종합전형을 포기하는 아이가 많아집니다. 이런 선택을 해야 하는 시점에서 아이는 또 한번 심적인 갈등과 좌절을 맛보죠. 특히 학생부종합전형을 생각하고 1년 6개월 동안 기울였던 노력이 물거품이 되는 것에 대한 자괴감에 힘들어하기도 합니다.

이런 상황에 처한 아이의 마음은 얽힌 실타래 같습니다. 그래서 한편으로는 학생부종합전형을 포기하고 수능으로 올인하고 싶은 마음이 커집니다. 지금까지 힘들게 공부했지만 성적이 오르지 않았고, 앞으로도 모든 것을 다 잘 해낼 자신이 없기 때문입니다. 특히 엄마와 아이가 생각하는 목표 대학이 다를 경우 크게 갈등을 겪기도 합니다. 이런 갈등 끝에 학생부종합전형을 포기한 학생이 선택할 수 있는 수시전형은 교과전형, 논술전형 그리고 정시 수능전형입니다. 학생부교과전형의 최상위권 대학은 전 과목을 반영하고, 대부분의 대학은 국어, 영어, 수학, 탐구 등 주요 과목 내신 성적만 반영합니다. 주요 과목 내신이 우수한 아이들은 대부분 비교과활동을 놓지 않고 학생부종합전형을 준비하는 경우가 대부분입니다.

이러한 이유로 2학년 이후 논술전형으로 갈아타는 아이들이 많아집니다. 목표 대학에 따라 1논술에서 6논술을 준비하죠. 상황이 이렇다 보니 논술전형 경쟁률은 월등히 높고 합격률은 낮을 수밖에 없습니다. 논술전형은 모의고사 성적이 대학별 수능최저기준을 맞출 수 있는 대학을 중심으로 합격 가능한 대학들의 논술 출제 과목과 범위 등을 파악하여 준비해야 합니다.

2학년 1학기 말, 3학년 수시 원서 접수 기간까지는 꼭 1년이 남습니다. 그 1년의 시간을 어떻게 써야 할까요?

학종을 끝까지 가져가는 고2의 1년 로드맵

내신 성적이 목표 대학에 근접하게 나오는 학생 혹은 수능모의고사보다 내신 성적이 더 높은 아이는 학생부종합전형을 계속 가져가야 합니다. 1학년 때부터 했던 활동을 성장시키고, 전공 필수 과목을 이수하고, 세특 관리에도 신경 써야 합니다. 목표 대학의 수능최저 학력기준을 충족할 수 있도록 수능 공부도 소홀해서는 안 되고요. 구술면접 유형과 난이도도 지금부터 분석해 봐야 합니다. 갈수록 난이도가 높아지는 구술면접은 하루아침에 대비할 수 있는 것이 아닌 만큼 대학별 구술 문항 유형과 출제 범위 등을 체크하면서 출제 과목은 내신에서도 심도 있게 공부하는 것이 효율적인 방법입니다. 학교추천전형이나 지역균형전형은 학교생활기록부 기반으로 문항이 출제되기 때문에 자신의 활동을 학교생활기록부 기록지에 글로 정리하며 설명해 보는 습관을 가져야 합니다.

학생부종합전형은 2학년 때의 활동이 가장 중요하기 때문에 학교생활기록부의 전공적합성을 심화해야 합니다. 특히 탐구과목은 성적이나 활동에서 아이의 적성과 흥미, 관심사, 문제 해결력을 보여주어야 하는 과목이라 매우 중요합니다. 예를 들어 의대 진학이 목표인 학생이라면 화학과 생명 과학, 경제나 경영학과가 목표라면 경제, 공대가 목표라면 물리학과 화학 등의 과목에서 펼친 탐구 프로젝트나 보고서가 그 학생의 역량과 정체성을 말해줄 만큼 중요합니다. 과목별 세특에 어떤 활동 내용이 기재되어야 할지 고민하고 활동으로 연결해 나가야 합니다.

학생부종합전형에서 학생의 서류를 평가할 때 핵심적으로 살펴보는 내용은 전체 내신과 모집단위 필수권장과목 이수 여부, 그 과목의 성적, 교과 세특, 비교과 연계활동입니다. 교과에서 배운 과목을 비교과활동과 연계하여 심화 확장해 나가야 합니다. 특정 교과의 수업 시간에 배운 내용을 동아리활동이나 진로활동, 자율활동으로 끌고 나와 전문적이고 심화된 활동을 펼친다면 입학사정관에게 선택받는 우수한 서류가 만들어집니다.

학생부종합전형 인재상의 핵심은 학교 교육과정을 이해하고 활용하며 창의적으로 풀어낸 학생입니다. 그 범위는 학교 교과목이고 소속 학교에서의 활동입니다. 수업에서 배운 내용을 아는 것으로 끝내지 않고 끊임없이 고민하고 융합하여 의미 있는 활동으로 만들어낼 수 있는지가 평가의 핵심이라고 할 수 있습니다. 학교생활기록부에 그러한 면모가 보이는지 활동 전과 활동 후를 지속적으로 점검해 보아야 합니다.

이 과정에서 엄마의 역할은 무엇일까요? 교과와 비교과를 통틀어 아이가 활동한 내용을 모두 파악하고 있는 것입니다. 매번 활동 내용을 기록하고 학교생활기록부에 기재되는 것이 누락되지 않도록 도와주어야 합니다. 아이들은 학교 시험과 교과나 비교과활동에서 매 순간 과제를 해내야 하기 때문에 활동 내역을 일일이 기록하는 것은 쉽지 않습니다. 따라서 엄마가 '학교생활기록부에 적힌 내용이 곧 아이 자신'이라는 생각으로 꼼꼼하게 작성해서 학기 말이나 학년 말에 담당 선생님에게 제출할 수 있어야 합니다.

2학년 1학기 말에는 그 학기에 이수한 세특만 기재되고, 학년 말에는 교과와 비교과활동까지 모두 기재됩니다. 따라서 1학기 기말고사 이후 그 학기에 이수했던 과목의 수행평가나 자유발표 등 수업 시간 중 했던 과제의 내용이 무엇인지 미리 정리해 두어야 합니다. 학교마다 조금씩 다르지만 대부분의 학교에서는 학생의 활동을 주어진 시간 안에 정리해서 제출하도록 합니다. 학교생활기록부에 그대로 기재해 주겠다는 의미라기보다 학생의 활동이 누락되지 않도록 하기 위한 학교의 전략이자 배려라고 할 수 있죠.

고등학생의 1년은 너무나 빠르게 돌아갑니다. 중간고사가 끝나면 수행평가 기간이고, 수행평가 기간이 끝나면 바로 기말고사 준비 기간입니다. 시험이 끝나면 다음 학기 선행을 위한 학원 스케줄 잡기에 바쁩니다. 그런 상황에서 아이가 한 학기 동안 활동했던 내용까지 야무지게 정리하는 것은 쉽지 않습니다. 그러니 학기 중에 했던 활동을 엄마가 함께 정리해 놓는다면 아이에게 큰 도움이 될 것입니다. 사실 학교활동은 활동 계획 단계부터 엄마가 함께하는 것이 더 좋습니다. 엄마가 탐구 주제 선정부터 필요한 도서나 관련 자료 등을 찾아줄 수도 있죠. 엄마가 아이와 이러한 정보를 논의하고 공유한다면 기록을 정리하는 데 큰 도움이 될 것입니다.

일반고형 학생부 vs 특목고형 학생부, 학종의 2가지 유형

상위권 대학일수록 학생부종합전형이 정교화되어 있습니다. 많은 대학이 학생부종합전형을 두 개의 트랙으로 나누어 운영하는데요. 일반적으로 면접형과 서류형으로 구분합니다. 이는 일반고 최상위권 학생과 전공적합성이 강한 특목고나 자사고 학생들을 나누어 선발하기 위함입니다. 예를 들면 서울대는 지역균형전형과 일반전형, 고려대는 학생부종합전형을 학업우수형과 계열적합성으로 나누어 선발하고, 중앙대도 탐구형과 융합형 2개의 트랙이 있습니다. 고교별로 내신 등급과 학교생활기록부 서류의 색깔이 있는 만큼 이를 고려하여 구분해 놓은 것이지 지원 자체에 학교 유형의 제약을 두지는 않습니다. 따라서 엄마는 내 아이의 내신등급과 학생부활동이 어느 트랙에 적합한지 판단해야 합니다.

대학별 학생부종합전형 2개 트랙 예시

대학	전형명	전형 요소
고려대	계열적합형	1단계(5배수): 서류 100, 2단계: 1단계 50+면접 50
	학업우수형	서류 100
서울대	지역균형	1단계(3배수): 서류 100, 2단계: 1단계 70+면접 30
	일반전형	1단계(2배수): 서류 100, 2단계: 1단계 50+면접 50
성균관대	융합형	서류 100
	탐구형	서류 100 의예, 교육, 한문교육, 컴퓨터교육, 스포츠과학: 1단계(3배수): 서류 100, 2단계: 1단계 70+면접 30
중앙대	CAU융합형인재	서류 100
	CAU탐구형인재	1단계(3.5배수): 서류 100, 2단계: 1단계 70+면접 30
한양대	서류형	학생부 100
	면접형	1단계(5배수): 학생부 100, 2단계: 1단계 80+면접 20
한국외대	서류형	서류 100
	면접형	1단계(3배수): 서류 100, 2단계: 1단계 50+면접 50

출처: 대교협 2025 대입정보 119

학생부종합전형은 전체 모집인원의 65.9%를 면접형으로 선발하는데, 이는 입시에서 학생부 미반영 영역이 늘어나고, 자기소개서가 폐지되면서 수도권 대학이 면접을 통해 변별력을 높이려는 목적이라고 볼 수 있습니다. 서류형과 면접형 운영 대학 전형별 평가 요소를 살펴보면, 상위권 대학의 경우 서류형이 면접형보다 학업 역량에 대한 반영 비율이 높은 특징을 보입니다.

서류형은 일반고형, 면접형은 특목고·자사고형으로 구분할 수 있습니다. 면접형은 예전으로 치면 특목고나 자사고 학생들이 주로 진학하던 전형인 특기자전형과 비슷한 서류라고 보면 됩니다. 서울대를 예로 들어볼까요? 지역균형전형은 일반고, 일반전형은 특목고와 자사고 학생들이 주로 지원합니다. 일반고에서도 학교생활기록부 전공심화활동이 우수한 학생은 일반전형으로 지원하기도 합니다. 서울대 지역균형전형은 합격컷이 내신 1점대 초반에 형성됩니다. 1점대 후반이나 2점대 초의 내신을 가진 특목고나 자사고의 전교 1등은 일반고에 비해 상대적으로 내신 경쟁력이 약하기 때문에 일반전형 트랙으로 지원해야 합격 가능성이 높습니다.

이처럼 학생부종합전형의 트랙을 구분하여 선발하는 것은 특목고나 자사고 학생의 서류를 같은 선상에 놓고 평가했을 때 유불리가 발생할 수 있기 때문입니다. 고려대도 학업우수형과 계열적합성 2개의 학생부종합전형 트랙을 운영하고 있습니다. 가장 많은 학생을 선발하는 고려대 학업우수형은 일반고 상위권 학생부터 특목고와 자사고 중상위권 학생이 고르게 지원하는 전형입니다. 고려대는 2021년 입시부터 전공적합성이 뛰어난 특목고 학생들을 위한 계열적합전형을 신설하여 교과와 비교과를 깊이 있게 활동한 학생들을 선발하고 있습니다.

특목고형 서류의 특징은 내신은 상대적으로 낮지만 세특과 비

학생부종합전형별 서류 평가 요소 비율 예시

대학	전형명	평가 요소(비율)
고려대	학업우수형	학업 역량(50), 자기계발 역량(30), 공동체 역량(20)
	계열적합전형	학업 역량(40), 자기계발 역량(40), 공동체 역량(20)
광운대	참빛인재Ⅱ-서류형	학업 역량(35), 진로 역량(45), 인성(20)
	참빛인재Ⅰ-면접형	학업 역량(25), 진로 역량(50), 인성(25)
서울시립대	학생부종합Ⅱ	학업 역량(30), 잠재 역량(50), 사회성(20)
	학생부종합Ⅰ	학업 역량(35), 잠재 역량(40), 사회성(25)
중앙대	CAU융합형인재	학업 역량(50), 진로 역량(30), 공동체 역량(20)
	CAU탐구형인재	학업 역량(40), 진로 역량(50), 공동체 역량(10)
한국외대	학생부종합(서류형)	학업 역량(50), 진로 역량(30), 공동체 역량(20)
	학생부종합(면접형)	학업 역량(30), 진로 역량(50), 공동체 역량(20)
단국대	DKU인재-서류형	학업 역량(45), 진로 역량(35), 공동체 역량(20)
	DKU인재-면접형	학업 역량(35), 진로 역량(45), 공동체 역량(20)

출처: 대교협 2025 대입정보 119

교과활동이 심화 학습을 통해 뛰어난 전공적합성을 보이는 서류이고, 일반고형 학생부는 내신 성적이 높고 교과와 비교과를 포함한 학교생활이 고르게 우수한 서류라고 볼 수 있습니다. 때문에 엄마는 아이의 학교생활기록부를 판단해서 지원 트랙을 설정해야 합니다. 내신도 우수하고 비교과활동도 심도 있는 학생이라면 일반고라고 하더라도 특목고나 자사고 트랙에 지원하는 것도 좋은 방법입니다. 내신에서 상대적으로 우위를 가지기 때문입니다. 한편 학생부종합전형은 대부분 면접을 시행하고 있기 때문에 수능최저기준까지 적용하는 대학은 많지 않습니다. 현재 고등학교 1학년부터 3학년이 치르는 입시의 학생부종합전형에서 수능최저기준을 적용하는 대학은 다음과 같습니다.

대학별 종합전형 수능최저 적용 대학 예시

대학	전형명	수능최저
고려대	학업우수형	전체: 국, 수, 영, 탐(1) 4개 합 8, 한 4 일부: 국, 수(미/기), 영, 과(1) 4개 합 8, 한 4
동덕여대	창의리더	약학: 국, 수(미/기), 과(1) 3개 합 6
서울대	지역균형	인문: 국, 수, 영, 탐(1) 3개 합 7 반도체, 차세대통신, 스마트모빌리티 학과: 4개 합 7 국, 수, 영, 과(1) 4개 합 7
서울교대	교직인성우수자	국, 수, 영, 탐(2) 4개 합 10, 한 4

서울시립대	학생부종합Ⅱ	전 모집단위: 국, 수, 영, 탐(1) 2개 합 5, 한 4
이화여대	미래인재	인문: 국, 수, 영, 탐(1) 3개 합 6 자연: 국, 수(미/기), 영, 과(1) 2개 합 5(수 포함) 약학: 국, 수, 영, 탐(1) 4개 합 6 의예과(자연): 국, 수(미/기), 영, 과(1) 4개 합 5
연세대	활동우수형	인문: 국, 수, 탐 2개 합 4, 국/수 1개 포함, 영 3, 한 4 자연: 국, 수(미/기), 과1, 과2 2개 합 5 수 포함, 영 3, 한 4
한양대	추천형	전 모집단위: 국, 수, 영, 탐(1) 3개 합 7
홍익대	학교생활우수자	인문: 국, 수, 영, 탐(1) 3개 합 8, 한 4 자연: 국, 수(미/기), 영, 과(1) 3개 합 8, 한 4

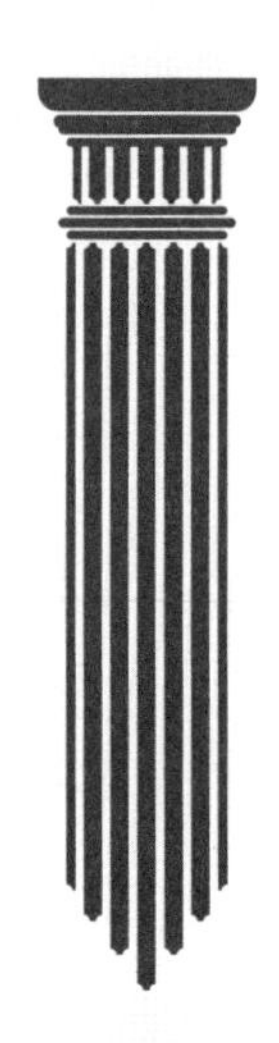

입학사정관이 선택하고 싶은 학교생활기록부 만드는 TIP

하나, 모집단위별 필수권장과목 선택 이수하기. 학생부종합전형은 소속 학교의 교육과정을 바탕으로 학생의 진로와 관심에 따라 과목을 선택해야 합니다. 해당 과목의 성적과 세특은 아이의 개인적인 특성과 자기주도성이 드러나도록 각별히 신경 써야 합니다. 각 대학에서 제시한 이수권장과목은 해당 대학 홈페이지나 각 시 · 도 교육청에서 발행한 선택과목 안내서를 참고하면 도움을 받을 수 있습니다.

둘, 교과 수업 내용을 의미 있는 지식으로 만들기. 고교블라인드, 수상 기록, 독서활동, 방과후활동 등 학생부 기재 금지 항목이 확대된 만큼 상대적으로 교과 수업활동이 차지하는 비중이 높아졌습니다. 특히 교과활동이 기록되는 세특은 서류 및 면접 평가에서 학업 역량, 발전가능성, 전공(계열)적합성을 평가 및 확인하는 데 큰 비중을 차지합니다. 따라서 교과 수업에 적극적으로 참여해 학업 역량을 드러내야 합니다.

셋, 교과 학습 내용을 다양한 학교활동과 연계, 심화, 확장해 나가기. 교과 지식을 다양한 교내활동(자율, 진로, 동아리, 독서 등)을 통해 활용하고 관심사나 전공 분야에 대한 폭넓은 자료를 통해 깊이 있게 탐구하는 모습을 학교생활기록부를 통해 보여주는 것이 학생부종합전형을 준비하는 가장 좋은 방법입니다.

넷, 창의적 체험활동을 통해 진로 관심사 적극적으로 탐색하기. 창의적 체험활동은 자율, 동아리, 진로, 봉사활동으로 구성되어 있습니다. 최근의 창의적 체험활동은 교과를 기반으로 한 심화 탐구 역량을 드러내야 합니다. 진로나 전공에 대한 별도의 활동을 하기보다는 교과에서 배운 지식을 창의적 체험활동을 통해 다양하게 드러내면 학교생활기록부 전반에 일관성이 생기고, 흐름이 만들어지기 때문입니다.

다섯, 독서활동을 통해 깊이 있는 지식 탐구하기. 독서활동은 전공 분야에 대한 지식의 깊이와 넓이를 보여줍니다. 세특과 창의적 체험활동에 도서명뿐만 아니라 독서활동 내용을 입력할 수 있기 때문에 활동 근거로 활용되는 경우도 있습니다. 또한 면접에서도 독서를 통해 얻은 지식의 깊이 등을 보여줄 수 있습니다. 교과에서 생긴 궁금증을 독서를 통해 해결하는 교과연계 독서활동을 하는 것이 좋습니다.

여섯, 각 대학에서 제공하는 학생부종합전형 가이드북과 전공 가이드북, '대학어디가'의 대입 정보 적극적으로 활용하기. 대학의 학생부종합전형 가이드북은 평가 요소, 평가 방법, 면접 등 구체적인 정보를 제공하고 있습니다. 대학의 선발 방법에 대한 정보와 전공에서 배우는 커리큘럼도 꼼꼼히 읽어본 후 학교활동을 설계한다면 학생부종합전형을 효율적으로 준비할 수 있습니다. 또한 '대학어디가' 사이트를 활용하여 진로 및 학과, 대학별 평가 기준 및 결과 등 다양한 정보를 얻을 수 있습니다.

학생부교과전형은 어떤 학생이 쓸까?

학생부교과전형은 기본적으로 주요 과목 내신 성적을 정량적으로 평가하는 전형입니다. 주요 과목이라고 하면 국어, 영어, 수학, 탐구과목입니다. 탐구과목은 인문계열은 사회탐구, 자연계열은 과학탐구를 반영합니다. 대학은 각 고등학교마다 일정 인원을 추천할 수 있게 합니다. 학교추천이나 지역균형이라는 전형명으로 운영되는데 주로 학생부교과전형입니다.

학생부교과전형의 교과 반영 방법은 대학별로 다양합니다. 공통과목, 일반선택과목과 진로선택과목의 반영 방법이 다르고 과목

대학별 학생부 교과전형 반영 교과 예시

대학	계열	반영 교과	반영 과목		교과	비고
			공통 · 일반 선택	진로선택		
건국대	인문 자연	국, 수, 영, 사, 과, 한	해당 교과 전 과목	정성평가	100	서류평가 30
국민대	인문	국, 수, 영, 사	해당 교과 전 과목	국, 수, 영, 사		공통 · 일반선택: 85%, 진로선택: 15%
	자연	국, 수, 영, 과		국, 수, 영, 과		
동국대	인문	국, 수, 영, 사, 한	석차등급 상위 10과목	정성평가	100	서류평가 30
	자연	과, 한				
성신여대	인문	국, 수, 영, 사, 한	해당 교과 전 과목	3과목	90	진로선택: A=1, B=2, C=4(등급)
	자연	국, 수, 영, 과				
한국외대	인문	국, 수, 영, 사, 한	해당 교과 전 과목	해당 교과 전 과목	100	공통, 일반선택: 등급 환산점수 진로선택: A=1, B=2, C=3 등급
	자연	국, 수, 영, 과				

출처: 대교협 2025 대입정보 119

별 반영 비율을 적용하는 대학도 있으며, 비교과(출결 · 봉사) 영역을 일부 반영하는 대학도 있습니다. 특히 한국외대의 경우는 타 대학들과 다른 방식을 적용하는데, 등급 환선점수와 원점수 환산점수 중 상위값을 적용합니다. 때문에 동일 등급 학생의 취득 원점수에 따라 환산점수가 달라질 수 있고, 국어, 영어, 사회, 과학과 수학의 원점 반영 구간이 다르므로 과목별 원점수에 따른 유불리도 반드시 고려해서 지원해야 합니다.

학생부교과전형은 고등학교 최상위권 학생들을 선발하기 위해서 운영하는 만큼 내신 합격컷이 학생부종합전형 못지않게, 혹은 그 이상 높게 형성되기도 합니다. 내신에서 확실하게 유리한 일반고 학생들이 주로 지원하는데, 수능최저기준이 걸려 있는 경우가 대부분입니다. 대학에 따라 면접까지 추가하기도 하므로 결코 만만하게 봐서는 안 됩니다.

내신은 전체 과목 내신, 주요 과목 내신 그리고 특정 과목에 비중을 두어 대학별 내신 등으로 산출합니다. 그러므로 입시 원서를 쓸 때 아이의 과목별 성적에 따라 유불리를 따져봐야 합니다. 학생부교과전형에 경쟁력이 있는 학생은 주요 과목의 내신이 월등하게 우수하거나 특정 과목에 가산점을 받을 수 있어야 유리합니다. 그러나 현실적으로 학교 추천을 받는 학생은 주요 과목 내신만 우수한 경우는 거의 없고 모든 과목의 성적이 좋고 비교과활동도 우수한 경우가 많습니다. 내신 1등급대의 최상위권이라면 학생부종합전형을 염두해 두고 비교과활동까지 열심히 준비했을 가능성이 높습니다. 최상위권 대학의 학생부교과전형은 사실상 학생부종합전형과 차이가 거의 없습니다. 내신 성적만을 평가하는 것이 아니라 학교생활기록부 전반을 종합적으로 평가하기 때문입니다. 그래서 막상 수시 원서를 쓸 때 같은 서류로 어느 대학은 교과전형에 지원하고 또 다른 대학은 종합전형에 지원하는 경우가 흔하게 일어납니다.

학생부교과전형 대학별 합격컷과 수능최저기준 예시

대학	계열	50%컷	70%컷	수능최저 학력기준
고려대	인문/자연	1.58	1.66	인문: 국, 수, 영, 탐 중 3개 합 6등급, 한 3 자연: 국, 수(미/기), 영, 과 중 3개 합 7등급, 한 4
서강대	인문/자연	1.61	1.65	국, 수, 영, 탐(1) 중 3개 합 6등급, 한 4
서울시립대	인문/자연	1.78	1.84	인문: 국, 수, 영 ,탐(1) 중 3개 합 7등급 자연: 국, 수(미/기), 영, 과탐(1) 중 3개 합 7등급
성균관대	인문/자연	1.74	1.84	인문: 국, 수, 영, 탐(1) 중 3개 합 6등급 자연: 국, 수(미/기), 영, 과1, 과2 중 3개 합 6등급
성신여대	인문/자연	2.3	2.37	인문: 국, 수, 영, 탐(1) 중 2개 합 6등급 자연: 국, 수, 영, 탐(1) 중 2개 합 7등급
숙명여대	인문/자연	1.97	2.04	인문: 국, 수, 영, 탐(1) 중 2개 합 5등급 자연: 국, 수(미/기), 영, 과탐(1) 중 2개 합 5등급
숭실대	인문/자연	2.24	2.27	인문: 국, 수, 영, 탐(1) 중 2개 합 4등급 자연: 국, 수(미/기), 영, 과탐(1) 중 2개 합 5등급
연세대	인문/자연	1.44	1.51	없음
중앙대	인문/자연	1.85	1.9	인문: 국, 수, 영, 탐(1) 중 3개 합 7등급, 한 4 자연: 국, 수(미/기), 영, 과탐(1) 중 3개 합 7등급, 한 4

학종 포기하고 논술 주력하는 고2 입시 전략

학생부교과전형이나 종합전형을 포기해야겠다고 판단한 고등학교 2학년은 수시 6장을 논술전형으로 지원하게 됩니다. 일단 논술전형을 쓰겠다고 생각하는 순간 논술학원부터 알아보게 되는데요. 논술학원 상담을 받기 전에 반드시 알아야 할 것이 있습니다. 학생부 중심 전형으로 대학에 합격할 수 있는 인원은 고등학교별로 어느 정도 제한되어 있기 때문에 그보다 더 많은 아이들이 제한 없는 논술전형으로 몰린다는 사실이 바로 그것이죠. 논술전형의 경쟁률이 평균 50대 1로 수시에서 가장 높은 것도 이 때문입니다.

수시에서 학생부를 버리고 논술로 갈아타는 순간, 수시 입시는 단순해지지만 무한 경쟁으로 들어가야 합니다.

전형별 경쟁률 예시(2023학년도)

대학	학생부교과	학생부종합	논술
건국대	10.49	17.93	52.87
성균관대	10.22	14.75	101.92
연세대	5.76	9.66	38.97
이화여대	5.51	10.95	36.75
중앙대	10.19	20.67	79.26
한국외대	8.63	8.88	35
한양대	8.15	15.6	107.94
단국대	9.79	13.63	23.78
아주대	12.33	10.68	83.35

출처: 대교협 2025 대입정보 119

논술은 인서울 상위권 대학에서 선호하는 전형이기 때문에 지원 대학을 높이기 위해 학생부 중심 전형을 포기하고 논술전형으로 올인하는 아이들도 많습니다. 또한 재수생이나 N수생 대부분은 수시에서 논술전형에 지원합니다. 수시 6장의 카드를 버리기 아까워서 그냥 한번 써본다는 생각으로 논술전형을 시작하는 아이도 있고, 학생부 중심 전형과 논술전형을 분산해서 지원하는 아이들도 있습니다. 그러나 학생부 중심 전형과 논술전형을 동시에 준비하는 건 쉽지 않습니다.

그렇다면 논술전형은 언제부터 어떻게 준비해야 할까요? 논술전형은 대부분의 대학에서 수능최저기준을 요구하고 있기 때문에 가장 먼저 아이의 모의고사 성적을 기준으로 지원 대학을 선정해 보는 것부터 시작해야 합니다. 모의고사 성적 이외에 논술 문제는 대학별로 유형과 출제 과목이 다르기 때문에 특정 과목의 역량이나 성향에 따라서 적합한 학교를 찾아야 합니다.

논술전형을 준비할 때 가장 먼저 해야 할 것은 목표 대학의 논술 문제를 살펴보는 것입니다. 대학별로 해당 대학의 논술 문제에 대해 안내하는 논술 가이드북을 제공하고 있습니다. 이 자료를 꼼꼼하게 읽어보면 출제 경향, 출제 의도, 출제 범위 등을 파악할 수 있습니다.

이어 대학별 기출문제를 살펴보면 좋습니다. 기출문제는 대학에서 공개하고 있기 때문에 쉽게 구할 수 있습니다. 대학에서 출제한 문제를 읽다보면 체감상 너무 어렵다고 느낄 수 있습니다. 그래서 논술학원을 찾아가기도 하는데요. 기출문제를 바탕으로 논술 문제 출제 원리를 먼저 파악하고 나면 논술을 공부하는 방법이 보입니다.

논술 문제는 대학이 직접 출제하는데 인서울 주요 대학들 중 논술 답안을 100% 반영하는 곳이 많습니다. 때문에 학생부와 상관없이 논술시험만 잘 본다면 대학에 합격할 수 있습니다. 논술 문제를 분석하는 방법은 대학에서 공개한 지난 해 기출문제를 분석한 선행학습영향평가 자료집을 참고해 보세요. 선행학습금지법에 따라 대학에서 출제한 논술 문제와 구술면접 문제가 고등학교 교육과정 안에서 출제되었음을 대학이 직접 증명해야 합니다. 이 증명 자료가 바로 선행학습영향평가 자료집인데요. 대학은 매년 4월 말경에 전년도 논술과 구술 기출문제를 분석해 놓은 자료를 공개합니다. '대학어디가(대교협)'나 대학입학처 홈페이지에서 다운로드받을 수 있습니다.

이 자료에는 계열별로 출제 범위, 출제 과목, 출제 의도, 문항 유형, 문항 분석, 출제 위원, 출제 범위와 수준, 고등학교 교육과정 출제 근거들이 모두 정리되어 있습니다. 이 자료만 읽어봐도 논술전형에 대한 두려움이 많이 사라집니다. 아이가 고등학교 교육과정에서 배운 내용에서 출제한다는 것만 알아도 자신에게 중요한 과목이 무엇인지 알게 될 것입니다. 논술전형을 생각하는 아이라면 희망하는 대학의 논술전형 모집 요강을 읽어보고, 논술시험 과목과 시험 범위 그리고 출제 유형을 먼저 분석해 보기를 권합니다.

3학년 때 가서 보지 말고 2학년 때부터 읽어보면서 논술 시험의 본질에 대해 차근차근 알아가는 것이 좋습니다. 아이가 지원하려는 대학의 기출문제와 논술가이드북을 꼼꼼하게 읽어보면서 논술 유형을 파악하기를 권합니다. 이 시기에는 대부분의 아이들이 수능 전 범위 공부가 끝나 있을 때인 만큼 논술 출제 과목 범위도 마무리되어 있기 때문에 논술 문제를 푸는 데 부담을 줄일 수 있습니다. 이런 과정을 거쳐 준비가 된 후에, 필요하다면 논술학원의 도움을 받는 것도 좋습니다.

논술전형 대학별 반영 요소(예시)

논술시험	교과	기타	대학	비고
100			가천대, 건국대, 경희대, 경희대(국제), 고려대, 고려대(세종), 덕성여대, 동덕여대, 성균관대, 연세대, 연세대(미래), 이화여대, 한국기술교대, 한국외대, 한국항공대	
90	10		상명대, 숙명여대, 신한대, 홍익대, 홍익대(세종)	
90	10		한양대	종합평 (출결 봉사)
80	20		가톨릭대, 단국대, 서울여대, 숭실대, 아주대, 한국공학대	
80	10	10	서강대	출결
70	30		경북대, 광운대, 부산대, 삼육대, 서울과기대, 서울시립대, 세종대, 을지대(성남), 인하대	
90	9	1	성신여대	출결
70	20	10	동국대, 중앙대, 중앙대(안성)	출결
60	40		경기대, 경기대(서울), 수원대, 한신대	

출처: 대교협 2025 대입정보 119

인문논술 vs 자연논술, 어떻게 준비할까?

논술전형을 치르는 대학 대부분은 7월부터 모의논술고사를 실시합니다. 따라서 대학별 모의논술 시험을 미리 치러보는 것도 좋은 방법입니다. 모의논술고사는 해당 대학의 그해 출제 방향이나 난이도를 가장 잘 반영하고 있기 때문에 반드시 응시해서 체험해 보는 것이 좋습니다. 모의논술고사에 응시해 보면 해당 대학의 논술 문제 유형과 출제 의도, 채점 방식 등의 정보를 확인할 수 있습니다. 또 실전과 유사한 환경에서 논술시험을 체험해 볼 수 있는 것도 큰 장점입니다.

모의논술고사는 주로 오프라인으로 실시하지만 온라인 방식을 취하는 대학도 있습니다. 대학에 따라 논제 유형이 다르고 문항 수, 답안 분량 등도 차이가 있습니다. 예를 들어 한양대는 1,200자 분량의 1개 문항을 출제하고, 서강대는 800~1,000자 분량의 2개 문항을 출제하는 등 대학별로 차이가 있으니, 기출문제 풀이를 통해 유리한 대학을 찾아보는 것도 중요합니다. 대부분의 대학이 모의논술 채점 결과를 공개하고 있고, 특강이나 설명회를 개최하는 등 추가 프로그램을 제공하기도 합니다.

논술전형으로 지원하고자 하는 대학 6~8곳을 선정하여 출제과목, 난이도, 출제 유형, 수능최저기준 등을 표로 정리해 보는 것도 좋습니다. 대학별로 구체적인 일정은 모집요강에 안내하고 있으므로 목표 대학의 모집요강을 참고해야 합니다. 지원하려는 대학들의 특징을 한눈에 보면 출제 경향이나 범위 등이 겹치는 대학을 체크할 수 있어 효율적인 준비가 가능합니다.

논술전형을 생각하는 고등학교 2학년 학생이 가장 많이 하는 질문은 논술을 언제부터 준비해야 하는지입니다. 논술은 출제과목 자체가 수능과목인 경우가 대부분이므로 내신에서 관련 과목을 철저하게 공부해 놓은 후 시작하는 것이 효율적입니다. 자연계열에서 보는 수리논술은 수학과목이 범위이기 때문에 수학에 경쟁력이 있어야 합니다. 인문논술도 독해와 작문 실력을 기본으로 사회탐구 과목에서 주로 출제되기 때문에 평소에 사회탐구과목의 개념을 정리하는 방식으로 공부하는 게 좋습니다. 수능과 내신의 주요과목이 곧 논술과목이라는 것을 잊지 말아야 합니다. 논술전형을 준비하는 데 시간을 너무 많이 쓰면 수능 공부에 소홀할 수 있습니다. 이런 모든 상황을 파악한 후에 논술학원은 일주일에 한 번 정도만 가는 것이 가장 이상적인 논술전형의 준비라고 할 수 있습니다.

인문계열 논술은 수리논술 포함 여부, 영어 제시문 활용 여부, 표나 그래프 등의 통계자료 활용 여부 등에 따라 논제 유형을 구분할 수 있습니다. 대부분의 대학들이 언어논술을 출제하지만 일부 대학은 교과논술 또는 약술형 논술을 출제하고 있습니다. 교과논술은 기존의 언어논술이나 수리논술에 비해서 문항이 단순하고 답안 분량도 적은 편으로 문항별로 50~500자 내외로 답안을 작성하는 시험입니다.

자연계열 논술시험의 대표 유형은 수리논술입니다. 계열별로 수리논술과 언어논술 또는 과학논술을 시행하기도 합니다. 연세대가 2025학년도부터 과학논술을 폐지하고 수리논술만으로 학생을 선발하는 등 최근에는 대학별로 과학논술을 폐지하는 추세입니다. 다만 의학계열에서는 과학논술을 시행하는 경우가 많습니다. 또한 자연계열에서도 인문논술을 출제하는 대학도 있으니 대학별로 논술전형 모집요강을 꼼꼼하게 확인해야 합니다.

인문계열 논술전형 논제 유형 예시(2024학년도 기준)

논제 유형	대학
언어논술	가톨릭대, 경희대(인문 · 체육), 광운대, 덕성여대, 동국대, 부산대, 세종대, 숙명여대, 숭실대(인문), 아주대, 이화여대(인문 I), 중앙대(인문사회), 한국외대(인문계열), 한양대(인문)
언어논술+ 도표 · 그래프 분석	건국대(인문사회 I), 경기대, 경북대, 단국대, 서강대, 서울여대, 성균관대, 성신여대, 연세대(서울), 연세대(미래), 인하대, 한국외대(사회계열), 한국항공대(경영)
언어논술+수리논술	건국대(인문사회II), 경희대(사회), 숭실대(경상), 연세대(서울), 이화여대(인문II), 중앙대(경영경제), 한국항공대(이학), 한양대(상경)
영어 제시문 활용	연세대(서울), 이화여대(인문 I), 한국외대(인문계열)

자연계열 논술전형 논제 유형 예시(2024학년도 기준)

논제 유형	대학
수리논술	가톨릭대(자연, 의예, 간호), 건국대, 경북대, 경희대(자연), 고려대(세종)(약학), 광운대, 단국대(죽전), 덕성여대, 동국대, 부산대, 서강대, 서울과기대, 서울시립대, 성균관대, 성신여대, 세종대, 숙명여대, 숭실대, 아주대(자연), 연세대, 연세대(미래)(창의), 이화여대, 인하대, 중앙대, 한국공학대, 한국기술교대, 한국항공대(공학), 한양대(서울), 홍익대(서울), 홍익대(세종)
수리논술+과학선택	경희대(의학계)(물/화/생), 연세대(미래)(의예)(물/화/생)
수리논술+과학지정	아주대(의예): 수리논술+생명과학(I , II)
과학통합논술	서울여대: 통합과학+생명과학 I
교과형논술	가천대, 삼육대, 수원대, 한신대
약술형논술	고려대(세종)(약학과 제외), 한국기술교대
언어논술	가톨릭대(공간디자인 · 소비자학과, 의류학과, 아동학과)
인문논술	숙명여대(의류학과)

대학별 수리논술 반영과목 및 범위(예시)

출제과목	대학
수학, 수학Ⅰ, 수학Ⅱ	홍익대, 가천대, 한국외대, 가톨릭대
수학, 수학Ⅰ, 수학Ⅱ, 미적분	고려대(세종), 한양대(에리카), 경북대, 부산대. 세종대, 아주대,인하대
수학, 수학Ⅰ, 수학Ⅱ, 확률과 통계, 미적분	덕성여대, 가톨릭대(의예), 건국대, 서울과학기술대, 숭실대, 광운대, 연세대(미래)
수학, 수학Ⅰ, 수학Ⅱ, 미적분, 기하	중앙대
수학 교과 전 과목	연세대, 이화여대

출처: 대교협 2025 대입정보 119 자료 재구성

인문계열 논술을 대비하기 위한 가장 좋은 방법은 무엇일까요? 학교 수업에 충실하게 임하면서 사고 역량을 키우는 것입니다. 대학별 논술시험은 고등학교 교육과정의 범위와 수준 내에서 출제되기 때문입니다. 국어과의 단원별 성취 기준은 논술시험의 중요한 평가 요소와 직결되며, 교과서는 논술 제시문으로 활용됩니다. 수능의 국어 지문은 논술시험의 제시문과 비슷한 수준으로 출제되기 때문에 내신과 수능 공부가 곧 인문논술 공부가 될 수 있습니다. 사회탐구과목의 주요 개념은 논술시험의 내용으로 빈번하게 출제됩니다. 인문논술 제시문은 글로 된 제시문뿐만 아니라 표나 그래프 등의 통계자료를 활용하는 경우가 많은데요. 사회과의 여러 과목을 공부하다 보면 표나 그래프 등을 읽고 의미를 분석하는 능력을 기를 수 있으므로 논술 준비에 크게 도움이 됩니다.

자연계열 논술시험은 어떨까요? 수학 또는 과학교과의 개념 이해에서 출발합니다. 교과에 대한 기본적인 이해를 바탕으로 상황에 맞는 문제 해결 능력을 요구합니다. 논술전형의 특성을 고려하면 평소 수업 시간을 기본으로 상황 이해 능력을 기르고 문제를 해결하는 과정에서 생략하거나 비약하지 않고 필요한 과정을 필기하는 연습을 해야 합니다. 개념 또는 성질을 이해하는 과정에서 필요한 부분은 증명을 통하여 명확하게 이해해서 수월하게 적용할 수 있도록 학습하는 습관이 필요합니다.

자연계열논술은 수학이 기반이지만 논술 유형은 언어논술 포함 유형, 약술형, 논술형 등 대학마다 차이가 있고 출제 범위가 다릅니다. 따라서 교육과정의 이수 범위를 바탕으로 응시 가능한 범위, 준비 가능한 계획 등에 대한 준비 및 지원을 고려해야 합니다.

논술전형은 대부분의 대학에서 수능최저기준을 요구합니다. 경쟁률이 매우 높은 전형인 만큼 수능최저기준을 충족하면 합격 가능성이 높아집니다. 그러니 논술전형과 수능 공부를 함께 연계해서 공부하는 것이 중요하죠. 논술전형을 지원하는 이유 중에는 학생이 논술고사에 적합한 경우도 있지만, 그보다는 학생부교과전형이나 학생부종합전형으로 목표 대학에 지원하는 것이 유리하지 않은 경우가 대부분입니다. 즉 안정 지원보다는 상향 지원을 위해 도전하는 경우가 많으므로 수능으로 대학 간다는 생각으로 준비하는 것이 효율적인 방법입니다.

대학별 논술전형 수능최저 학력기준(인문계열)

대학	모집 단위(계열)	수능최저 학력기준(등급)		
		반영 과목	등급 기준	비고
건국대	인문	국, 수, 영, 탐(1)	2개 합 5등급	
경희대	인문	국, 수, 영, 탐(2)	2개 합 5등급	한 5
	한의예(인문)		3개 합 4등급	한 5
고려대	인문(경영학 제외)	국, 수, 영, 탐(1)	4개 합 8등급	한 4
	경영대학		4개 합 5등급	한 4
서강대	인문	국, 수, 영, 탐/직(1)	3개 합 7등급	한 4
성균관대	글로벌경영/ 글로벌경제/ 글로벌리더	국, 수, 영, 탐(2)	3개 합 5등급	제2외/한문 탐구 1과목 대체 가능
	인문	국, 수, 영, 탐(2)	3개 합 6등급	제2외/한문 탐구 1과목 대체 가능
이화여대	인문	국, 수, 영, 탐(1)	3개 합 6등급	
	스트랜튼학부	국, 수, 영, 탐(1)	3개 합 6등급	
중앙대	인문	국, 수, 영, 탐(1)	3개 합 6등급	한 4 영어 2등급은 1등급으로 인정
홍익대	인문	국, 수, 영, 탐(1)	3개 합 8등급	한 4

대학별 논술전형 수능최저 학력기준(자연계열)

대학	모집 단위(계열)	반영 과목	등급 기준	비고
경희대	자연	국, 수(미/기), 영, 과(1)	2개 합 5등급	한 5
	의예/한의예(자)/치의예/약학	국, 수(미/기), 영, 과(1)	3개 합 4등급	
고려대	자연	국, 수, 영, 과(1)	4개 합 8등급	한 4
서강대	자연	국, 수, 영, 탐(1)	3개 합 7등급	
성균관대	자연	국, 수, 영, 탐(1), 탐(2)	3개 합 6등급	
	약학과, 글바메, 반도체	국, 수, 영, 탐(1), 탐(2)	3개 합 5등급	
	의예과	국, 수, 영, 탐(1), 탐(2)	3개 합 4등급	
숙명여대	자연	국, 수, 영, 탐(1)	2개 합 5등급	
	약학	국, 수, 영, 탐(1)	3개 합 4등급	수학 포함
이화여대	자연	국, 수, 영, 탐(1)	2개 합 5등급	
	약학	국, 수, 영, 탐(1)	4개 합 6등급	수학 포함
	의예	국, 수, 영, 탐(2)	3개 1등급	
중앙대	자연	국, 수, 영, 탐(1)	3개 합 6등급	
	약학	국, 수, 영, 탐(1)	4개 합 5등급	한 4, 영어 2등급은 1등급으로 인정
	의학(의예)	국, 수, 영, 탐(2)	4개 합 5등급	한 4, 영어 2등급은 1등급으로 인정

출처: 대교협 2025 대입정보 119 자료 재구성

입시의 A이자 Z는 수능,
고2 과목이 핵심이다

입시에서 가장 큰 위력을 발휘하는 것은 수능입니다. 특히 현재 고등학교 1학년이 대학에 진학하는 2027 입시까지는 수능의 위력이 절대적이라고 할 수 있습니다. 내신이 아무리 좋아도 수능 성적이 낮으면 대학을 많이 낮춰야 합니다. 수능의 영향력은 학생부종합전형과 학생부교과전형 그리고 논술전형에서도 당락의 변수로 작용합니다. 상위권 대학 대부분이 수능최저기준 충족을 요구하고 있기 때문입니다. 논술전형이 평균 50대 1을 기록하지만 수능최저학력기준을 충족하는 학생은 50%가 채 되지 않기 때문에 실질경쟁률은 절반 이하로 줄어듭니다.

지방의 일반고 학생들에게 유리해 보이는 학생부교과전형도 대부분 수능최저 학력기준 충족을 요구하기 때문에 미충족 시 아무리 내신이 좋아도 의미가 없어집니다. 학생부종합전형 역시 상위권 대학일수록 수능최저기준을 요구합니다. 수능최저 학력기준이 없는 대학도 있지만, 이 경우 구술면접이나 논술 문항의 난이도를 높임으로써 변별력을 확보하고 있습니다. 일반적으로 수시는 내신, 정시는 수능이라고 생각하기 쉽지만 입시는 같은 조건의 학생들이 같은 전형에 몰리는 게임이기 때문에 실제 변별력은 수능에서 나온다는 사실을 절대 잊어서는 안 됩니다.

주요 대학 정시전형 비율이 40%를 유지하고 있는 것도 수능이 중요한 이유입니다. 대학 입장에서 고등학교 내신은 믿을 수 없는 성적입니다. 학생의 학력을 가장 객관적으로 평가할 수 있는 수능 성적을 신뢰하는 것은 당연합니다.

내신 성적이 낮아서 학생부 중심 전형에서 기회를 잃은 학생들이 수능으로 부활하는 경우를 많이 봅니다. 입시 결과를 들여다보면 학생부를 버린 아이보다 수능을 버린 아이에게 합격의 기회가 훨씬 더 적습니다. 입시에서 가장 끝까지 사수해야 하는 공부가 수능인 이유가 바로 여기에 있습니다. 내신 1점대의 최상위권 아이가 수시에서 수능최저 학력 없이 대학에 가려고 했을 때 인서울 중위권 대학까지 낮춰서 진학해야 합니다.

현재 고등학교 1학년까지 적용되는 2015개정 교육과정과 2022개정 교육과정의 양상은 조금 다를 수 있습니다. 2028학년도 대학 입시부터 치러지는 통합수능의 영향력은 현재 수능보다 변별력이 줄어들 가능성은 있습니다. 수능의 변별력이 떨어지면 정시전형에서도 탐구과목 등의 교과 반영을 높일 가능성이 높고, 심층면접을 통해서 변별력을 확보할 가능성도 있기 때문입니다. 같은 맥락으로 수시 학생부종합전형에서도 수능최저기준을 확대할 가능성도 있습니다. 결론적으로 전형별로 내신과 수능, 논구술 등의 전형요소를 복합적으로 반영할 가능성도 있습니다. 입시가 어떻게 바뀌든 수능의 중요성은 줄어들지 않기 때문에 입시를 준비하는 학생은 수능을 기준으로 공부해야 합니다.

수시 vs 정시, 학년별 포지셔닝 전략

아이들에게 입시는 허들이 많은 장거리 경주와 같습니다. 내신도 잘해야 하고 비교과활동도 열심히 해야 하고 논구술도 준비하면서 수능 성적도 잘 받아야 합니다. 이 많은 것을 어떻게 다 할 수 있을까요?

입시는 효율이 중요합니다. 교육과정에 그 해답이 있습니다. 입시를 전형별로 펼쳐놓고 보면 크게 내신+비교과=학생부종합전형, 내신+수능최저=학생부교과전형, 논술과목+수능최저=논술전형으로 요약됩니다. 거의 모든 전형에 해당되는 과목을 뽑으면 그것은 수능과목입니다. 그러니까 내신에서 국어, 영어, 수학과 탐구과목을 잘하는 아이라면 최소한 교과전형과 논술전형, 정시수능전형에서 경쟁력을 가질 수 있습니다. 물론 몇몇 최상위권 대학은 교과전형에서도 전 과목을 반영하기도 합니다. 하지만 소수의 대학은 논술과목의 경쟁력을 갖춘다면 논술전형으로 뚫어볼 수도 있습니다. 이처럼 비교과활동과 비주류 과목까지 다 할 수 없다면 내신에서 상대평가하는 과목에 집중하면 됩니다. 그 공부가 곧 수능 공부입니다. 중요한 과목은 이미 정해져 있고, 대학은 그 과목을 내신, 수능, 논술, 구술 등 다양한 문제 유형으로 학생을 선발하는 것입니다.

학생부종합전형을 포기하는 순간 학교 내신을 포기하는 것으로 생각하는 아이들이 많습니다. 다 잘할 수 없다면 과감하게 포기하는 것도 전략입니다. 그러나 이것이 곧 내신을 포기하는 것은 아닙니다. 수능에 해당되지 않는 비주류 과목과 비교과활동을 포기하는 것이지 학교 내신을 포기한다고 여기면 입시에서 길을 잃습니다. 비주류 과목과 비교과활동을 포기함으로써 확보한 시간을 주요과목 공부에 집중해야 합니다. 학생부를 버린 아이들 중에 학교 내신을 버리고 수능에 올인한다고 계획을 세웠을 때, 수능을 중심으로 자신만의 학습 스케줄을 짜고 학원 수업 중심으로 공부를 시작하겠다는 경우가 많습니다. 이렇게 하면 절대 성적이 오르지 않습니다. 수능 공부를 가장 꼼꼼하고 내실 있게 하는 시간이 학교에서 보는 중간고사와 기말고사입니다.

2학년 때 선택하는 탐구과목 중에서 아이가 수능에서 선택할 2개 과목을 미리 정하고, 만점을 받는다는 생각으로 완벽하게 공부해야 합니다. 다른 과목까지 잘할 수 있는 여유가 없다면 그 2개 과목에만 집중하는 것도 요령입니다. 이렇게 적어도 수능과목만큼은 1등급을 받겠다는 각오로 학교 수업에 집중하라고 강조하고 싶습니다. 그래야만 국어, 영어, 수학, 탐구 주요과목 내신을 정량적으로 반영하는 교과전형에서도 기회가 생깁니다. 이 공부가 곧 논술공부이고 수능을 가장 탄탄하게 대비하는 방법입니다.

학년별 정시 · 수시 포지셔닝 전략

<table>
<tr><th>학년</th><th>주력 전형</th><th>주력 학습</th><th>학습 방법</th><th>전형별 학습 비중</th></tr>
<tr><td>1학년</td><td>기본 코스
수시학종 집중</td><td>내신&비교과</td><td>학교 중심
(내신 중심 학원)</td><td>내신〉비교과</td></tr>
<tr><td rowspan="3">2학년</td><td>A플랜
수시학종&교과</td><td>내신 관리</td><td>학교〉학원
(내신 중심 학원)</td><td>내신〉비교과</td></tr>
<tr><td>B플랜
수시논술</td><td>수능최저+논술</td><td>수능+논술학원
대학별 논술분석</td><td>수능〉논술</td></tr>
<tr><td>기본 코스
정시 수능</td><td>선택적 내신
(수능 논술과목 위주)</td><td>내신수능과목
+수능학원</td><td>수능〉논술
연계학습</td></tr>
<tr><td rowspan="3">3학년</td><td>학종 교과</td><td>내신+비교과</td><td>학교수업+내신학원
(1학기 말 이후 수능)</td><td>내신〉수능〉논술</td></tr>
<tr><td>논술</td><td rowspan="2">수능+논술</td><td rowspan="2">논술학원+수능
(논술, 수능 관련
교과 집중)</td><td rowspan="2">논술=수능</td></tr>
<tr><td>수능</td></tr>
</table>

수능 성적 위주로 학생을 모집하는 정시전형은 가나다군 등의 모집군별로 나누어 진행됩니다. 수시에서 6장의 원서를 쓸 수 있는 것과 달리 정시에서는 모집군별로 각각 1회씩, 최대 3회까지 지원할 수 있습니다. 대부분의 대학이 수능 성적만으로 학생을 선발하지만 서울대, 고려대, 연세대(2026학년도부터 실시) 등 최상위권 대학 위주로 학교생활기록부 혹은 교과내신을 수능 성적과 함께 반영하기도 합니다. 그러나 정시전형에서는 학교생활기록부의 영향력은 크지 않으며 당락에 결정적인 영향을 미치는 것은 무엇보다 수능 성적입니다. 정시전형은 수능 성적표에 기재된 영역별 표준점수, 백분위, 등급을 그대로 합산하는 방식이 아닙니다. 대학에 따라 반영영역 수, 영역별 반영 비율, 영역별 가감점 등을 통해 다양하게 반영하기 때문에 같은 표준점수, 백분위이더라도 대학별 환산점수는 달라집니다. 따라서 대학별로 환산점수 산출을 통해 수능 성적의 유불리를 확인해야 합니다.

SEOUL

NATIONAL

UNIVERSITY

입시의 마지막 1년
고3

3장

고3의 1년은 이렇게 흐른다

고등학교 3학년은 사실상 한 학기입니다. 여름방학이 끝나면 바로 수시 원서 접수 기간이기 때문이죠. 중간고사와 기말고사가 있고 5월과 8월을 제외하고 매월 수능모의고사를 치릅니다. 고등학교별로 3학년 과정에 편성한 과목은 수능선택과목과 진로과목으로 채워집니다. 진로선택과목은 절대평가이기 때문에 전체 내신 등급에는 반영되지 않고 대학별로 별도의 평가 기준을 적용합니다.

학생부종합전형을 준비하고 있다면 마지막까지 학교생활기록부를 잘 관리해야 합니다. 대학에 반영되는 학교생활기록부 활동은 3학년 1학기까지이며 7월 기말고사 이후에 학교에서 활동 내용을 정리해서 제출하도록 안내하므로 누락되지 않도록 각별히 신경 써야 합니다. 8월 31일까지 완료한 학교생활기록부를 바탕으로 수시전형에서 지원할 대학 6장도 최종 결정해야 하므로 고3에게 이 시기는 매우 긴박하게 돌아갑니다.

고등학교 3학년 1년 입시 일정(2024학년도/2025입시)

구분	기간	
수시 모집 원서 접수	2024년 9월 9일(월)~13일(금) 3일 이상	
수시 모집 전형 기간	2024년 9월 14일(토)~12월 12일(목)	대학별 고사 논구술 시험
수능 시험	11월 14일(목)	(매년 11월 셋째 주 목요일 시행)
수능 성적표 발표	2024년 12월 6일(금)	
수시 합격자 발표	2024년 12월 13일(금)까지	
수시 합격자 등록	2024년 12월 16일(월)~18일(수)	
정시 모집 원서 접수	2024년 12월 31일(화)~2025년 1월 3일(금) 중 3일 이상	
정시 모집 전형 기간 (군별로 다름)	2025년 1월 7일(화)~2월 4일(화)	
정시 합격자 발표	2025년 2월 7일(금)까지	
정시 모집 합격자 등록	2025년 2월 10일(월)~12일(수)	

출처: 한국교육과정평가원

3학년 1학기가 시작되기 전에 내신 성적과 모의고사 성적 그리고 대학에서 발표한 합격컷을 기준으로 지원 가능한 대학과 학과의 10개 정도 리스트를 만들어보세요. 1학년 때부터 목표 대학과 학과 리스트를 만들어왔던 것을 토대로 교과내신과 모의고사 성적 등락을 참고하여 조정할 필요도 있습니다. 목표 학과를 정할 때 학생부종합전형의 경우는 학교생활기록부 내용을 기반으로 학과를 결정해야 하는데요. 지원할 학과의 스펙트럼을 너무 넓혀놓으면 합격 가능성이 적어질 수 있습니다. 아이가 했던 활동과 이수과목 등을 고려하여 주력할 학과와 유사한 학과까지 넓혀보는 것도 추천합니다. 학과별 필수권장과목을 이수하지 않은 학과는 합격 가능성이 적으므로 제외하는 것이 좋습니다.

수시전형 원서 6장 어떻게 쓸까?

거의 모든 고3은 입시 컨설팅을 받습니다. 아이의 학교생활기록부와 대학별 입결 자료를 참고하여 엄마와 아이가 먼저 10곳 정도의 대학을 정해놓은 후에 필요 시 상담받는 것을 추천합니다. 사교육 기관의 도움을 받을 수도 있지만 기본적으로 엄마와 아이가 입시를 분석하고 지원할 대학을 어느 정도 결정한 이후에 컨설팅을 받는 게 좋습니다. 사전조사나 학과 분석 없이 무조건 수시 컨설팅을 받으면 냉정한 판단 없이 상담사의 의견에 끌려가는 상황이 발생할 수도 있거든요. 수시 원서 6장을 어떻게 쓸 것인가는 고3

때 가장 큰 고민입니다. 그러나 여기에 너무 많은 시간과 에너지를 쓰면 내신이나 수능 공부에 집중력을 떨어뜨릴 수 있습니다.

사실 수시 원서 접수 시즌에는 전국적으로 너무 많은 학생이 상담 스케줄을 잡기 때문에 시간적으로 1시간 정도 안에 컨설팅이 이루어지는 경우가 대부분입니다. 때문에 아이의 서류를 면밀하게 분석할 여유가 없는 상황도 많이 발생합니다. 대치동처럼 전국적으로 컨설팅이 몰리는 지역에서는 상담 일정 잡기가 어려울 수도 있습니다. 그러니 담임 선생님이나 진학 담당 선생님께 상담을 받는 것이 더 좋을 수 있습니다. '대학어디가'에 아이의 성적을 입력하는 것도 방법입니다. 엄마와 아이가 기본적으로 선순위 후순위로 지원 대학을 정한 후에 두서너 명의 의견을 교차해서 들어본 후 최종 원서 6장을 결정하는 게 좋습니다. 수시전형 시즌을 앞두고 대학들이 개최하는 수시박람회에 가면 해당 대학 입학사정관에게 직접 상담을 받아볼 수도 있으니 참고하세요.

내신과 모의고사 등급이 다를 때 수시 지원 전략은?

수시전형에 지원할 대학과 전형을 선택할 때는 3학년까지의 내신과 모의고사 성적을 기준으로 유불리를 따져보면서 전략을 세워야 합니다. 내신이 모의고사보다 높은 학생은 수시 우선 전략을 세워야 합니다. '대학어디가'에서 제공하는 대학별 입결을 참고하여 상향-적정-하향으로 각 2개 학교씩 지원하는 것이 가장 일반적입니다. 수시 원서를 쓸 때는 내신도 중요하지만 수능최저 학력기준 충족 여부가 관건입니다. 지원 대학의 수능최저 학력기준을 충족할 가능성이 낮으면 수능최저 학력기준이 없는 대학에 학생부 중심으로 지원해야 합니다. 반드시 수시로 진학하겠다고 판단했을 경우는 상향 카드를 버리고 적정이나 하향 카드를 늘려야 합니다.

반면, 모의고사 성적이 학생부 내신보다 높게 나올 경우는 정시 우선 전략으로 가야 합니다. 이런 아이의 수시 지원은 정시에서 합격 가능한 대학을 높이는 상향 카드를 더 많이 써야 합니다. 모의고사 성적이 꾸준히 잘 나오는 아이는 수시에서 '이 대학까지는 가겠다'는 마지노선을 설정하고 하향 지원은 하지 않아야 합니다. '수시 납치'를 피해야 하기 때문입니다.

또한 학생부 반영 비율이 낮고 수능최저 학력기준이 높은 대학에 주목해야 합니다. 내신보다 수능 성적이 좋은 아이들이 수시에서 많이 쓰는 전형이 논술이므로 높은 수능최저 학력기준을 요구하는 논술전형에 지원해 보는 것도 좋습니다. 학생부 내신과 모의고사 성적이 비슷한 등급인 학생은 수시와 정시를 적절하게 배분해야 합니다. 학생부 중심 전형과 논술전형의 수능최저 학력기준을 진단한 후 학생부종합전형이나 학생부교과전형 그리고 논술전형을 분산하여 지원하되, 수시는 적정 카드나 안정 카드를 우선으로 고려해야 합니다.

학생부와 모의고사 경쟁력에 따른 수시 지원 전략 예시

학생부 vs 모의고사	지원 전형	지원 전략
학생부〉모의고사	수시 우선	· 상향–적정–하향 각 2개 대학 지원 · 수능최저 학력기준 충족 여부 체크 · 학생부 중심 전형 우선 지원, 모집 단위 전공적합성 · 수시로 반드시 진학하려는 경우 적정–하향 카드 비중 높게 · 논술 출제 유형 및 수능최저 학력기준이 유사한 대학 지원
학생부〈모의고사	정시 우선	· 정시 지원 가능 대학보다 상향 또는 적정 지원 · 수시 지원 마지노선 대학 설정 · 수능최저 있는 논술전형 지원 · 학생부 반영 낮거나 수능최저 학력기준 높은 대학 지원 · 수능 이후 대학별 고사 응시 대학 적극 지원
학생부=모의고사	정시와 수시 적정 분배	· 수시와 정시 5대 5 또는 6대 4 비중 고려 · 내신과 수능최저기준 진단 후 학종–교과–논술 분산 지원 · 정시: 적정 또는 안정 지원 우선 고려

★ ★ ★ ★ ★ 슬기로운 입시 정보

일반고 내신 1등급대 수시 지원은 이렇게!

입시는 수시와 정시 하나를 선택하는 것이 아니라 둘 모두 선택할 수 있는 방법을 찾아야 합니다. 수시의 기본 목표는 정시로 갈 수 있는 대학보다 더 높은 대학에 합격하는 전략을 짜는 것입니다. 그렇다면 우리 아이 수시 전략은 어떻게 짜야 할까요? 분당 지역 일반고 진학 담당 선생님들의 도움을 받아 내신 1~2등급대 학생들의 수시 지원 패턴을 분석해 보았습니다.

일반고 인문계열 1등급대 초반 학생들은, 고교별로 다소 차이는 있지만, 보통 전교 5등 이내 최상위권입니다. 이 학생들의 수시 지원 패턴을 보면 보통 서울대부터, 고려대, 연세대, 서강대, 성균관대까지 지원합니다. 1점대 초반의 극상위권이면서 수능모의고사도 안정적으로 1등급을 유지하는 경우 정시로 대학을 더 높여서 갈 수도 있기 때문에 그 가능성을 열어두고 수시에서 상향 지원을 합니다. 수시에서는 서울대-고려대-연세대를 전형별로 복수 지원하여 6장을 채우는 학생이 많습니다. 반면 수능모의고사 성적이 1~2등급대로 안정적이지 못한 학생은 수시로 진학하는 것이 유리한 만큼 서울대, 고려대, 연세대에 이어 서강대, 성균관대, 한양대까지 지원하기도 합니다. 서울대, 연세대, 고려대까지만 쓸 것인지 서강대, 성균관대, 한양대까지 쓸 것인지는 6월과 9월 모의평가 성적을 기준으로 판단합니다.

수능에서 만점을 받아도 수시에서 합격하면 등록을 해야 하기 때문에 수능 이후 면접을 실시하는 전형에 지원해 '납치'당하지 않는 전략을 세워야 합니다. 상위권 경쟁이 치열한 학교일수록 한 학생이 내신을 독점하지 못하기 때문에 내신 등급이 낮게 형성될 수밖에 없습니다. 이런 유형의 학교에서는 서울대 지역균형추천을 받아도 일반전형으로 지원하는 경우가 많습니다. 지역균형에 지원한 1점대 극초반 학생들과 경쟁 우위를 가지기 어렵기 때문입니다. 학력이 우수한 고등학교일수록 수능최저 학력기준을 충족할 가능성이 높기 때문에 학생부 중심으로 지원할 때도 수능최저 학력기준을 요구하는 대학에 지원합니다.

일반고 1등급대 수시 지원 경향 예시(분당 지역 일반고 인문계열)

지원 대학	내신	전형 특성 요소 및 학생 특성	전형 유형
	1.0~1.5	· 지역균형은 수능최저 충족, 학교생활기록부 서류 기반 면접 · 일반전형은 전공적합성과 심층구술면접 실력 여부가 관건	학종 (일반〉지균)
	1.0~2.0	· 학교추천은 1단계에서 전 과목 교과 반영하므로 등급 1.3 이내 학생이 지원 경향(서울대형 서류) · 학업우수형은 내신+비교과+수능최저 충족 · 1등급 후반~2등급 초반은 계열적합성 지원, 면접이 관건	학종 학추〉학업우수〉 계열 적합
	1.0~2.0	· 활동우수형은 교과와 비교과 전공적합성 우수+구술면접+수능최저(서울대형 서류) · 교과전형(추천형)은 면접 폐지 선발, 1.4 이내 지원(Z점수) · 논술은 논술 답안 작성 능력(수능 이전 시험) (수능최저 없고, 수능 전 시험)	활동우수〉 추천형〉
	1.3~2초	· 학생부종합은 내신+비교과 전공적합성(서류 100%) · 학생부교과 수능최저학력 적용(1점대 중후반까지 지원) · 논술은 수능최저학력 적용(학생부 교과+비교과 반영) · 수능 성적 평균 1등급 초 학생은 미지원(수시 납치)	학종〉교과〉 논술
	1.5~2초	· 학생부종합은 내신+비교과 전공적합성(수능최저 없음) · 학생부교과는 학생부 100% 수능최저학력 적용 · 논술은 논술 100% 수능최저학력 적용 · 1점대 중반까지는 지원하는 경향 · 수능 성적 평균 1등급 초 학생은 미지원	학종〉교과〉 논술
	1.5~2초	· 비교과활동 우수하면 학종 지원(수능최저, 면접 없음) · 학생부교과 100%(면접 없음, 2025부터 수능최저 적용) · 논술은 논술시험+학생부 종합평가 10%	학종〉교과〉 논술

	1.8~2초	· 비교과활동 우수하면 학종 탐구형(수능최저 없음) · 교과+비교과 우수하면 학종 융합형(수능최저 없음) · 주요과목 성적 높고 비교과 약하면 교과 지원(수능최저 있음) · 비교과활동 약하면 논술도 지원(수능최저 있음)	학종〉논술〉교과
	1.8~2초	· 비교과활동 우수하면 학종 미래인재 지원(수능최저 있음) · 비교과활동 약하면 논술 지원, 논술 100(수능최저 있음) · 교과전형 고교추천은 수능최저 없음	학종〉논술〉교과

*위 예시는 수시전형 이해를 돕기 위해 취재하여 작성한 것으로 고교별/학생별로 다를 수 있음

자연계열 수시 전략도 살펴볼까요? 자연계열 입시는 인문계열 입시와는 사뭇 다릅니다. 우선 자연계열은 의대 선호 열풍과 SW 등 특성화 학과 신설, 과학특성화 대학까지 선택의 폭이 넓습니다. 게다가 의대 선발 인원이 늘어나면 합격 성적은 더 낮아질 수 있습니다.

의대는 대학별로 수능최저기준이 매우 높게 형성되어 있기 때문에 수시 지원자는 내신뿐만 아니라 수능도 흔들리지 않고 1등급을 유지해야 합니다. 학생부종합전형의 경우 관련 과목 이수와 전공적합성이 강해야 하는 것은 기본입니다. 의대 논술전형은 논술시험과 높은 수능최저 학력기준 그리고 대학별로 학교생활기록부를 반영해 변별력을 두고 있습니다. 의대 진학 목표가 뚜렷한 학생들은 학종과 논술까지 수시 6장을 모두 의대에 지원하는 경우가 많습니다.

일반적인 자연계열 1등급대 학생들의 수시 지원 패턴은 서울대-(카이스트)-고려대-연세대-성균관대-한양대-중앙대(경희대) 순입니다. 수능모의고사 성적이 흔들리지 않고 1등급 혹은 정시로도 목표 대학에 진학할 가능성이 높은 경우에는 서울대-(카이스트)-포스텍-고려대-연세대 내에서 전형별로 복수 지원하고, 수능모의고사 성적이 불안정한 경우에는 성균관대, 한양대, 중앙대, 경희대도 지원합니다. 수시에서 어느 대학에 어떤 전형으로 지원할지를 판단하는 기준은 수능모의고사 성적입니다. 수능모의고사 성적이 내신 성적보다 높다면 수시에서 상향 지원, 반대로 수능모의고사 성적이 내신보다 낮다면 수시를 신중하게 지원해야 합니다. 재수할 생각이 없다면 더더욱 적정-안정-하향으로 지원해 '수시로 반드시 합격한다'는 전략을 세워야 합니다.

일반고 1등급대 수시 지원 경향(분당 지역 일반고 자연계열)

지원 대학	내신	전형 특성 요소 및 학생 특성	전형 유형
	1.0~1.5	· 학종은 1점대 초반 혹은 지균/교과 · 비교과 전공적 합성+심층면접+높은 수능최저 · 논술전형은 답안 작성 능력+수능최저+학생부 일부 반영	학종〉교과〉 논술
	1.0~1.8	· 지역균형은 수능최저+서류면접 · 일반전형은 학생부+심층구술면접 실력 여부가 관건	학종 일반〉 지균

KAIST 1971	1.0~2초	· 서울대형 서류, 교과 · 비교과 전공적합성+심층면접 · 서류 40%+면접 60% · 학교장 추천 서류 100%(10월 조기 발표) · 도서 이력서, 자기소개서, 교사 추천서 있음 · 수시 6개 지원에 해당되지 않음	학종 일반〉 학교장추천
KOREA UNIVERSITY 1905	1.3~2초	· 학교추천은 1단계에서 전과목 교과 반영하므로 등급 1.3 이내 학생이 지원 경향(서울대형 서류) · 학업우수형은 내신+비교과+수능최저 충족 · 1등급 후반~2등급 초반은 계열적합성 지원, 면접이 관건	학종 학업 우수〉 학교 추천〉 논술
YONSEI UNIVERSITY 연세대학교	1.3~2초	· 활동우수형은 교과 · 비교과 전공적합성 우수+구술 면접+수능최저(서울대형 서류) · 교과전형(추천형)은 면접 폐지 선발, 1.4 이내 지원(Z 점수) · 논술은 논술 답안 작성 능력(수능최저 없고, 수능 전 시험)	활동우수〉 추천형〉 논술
SUNGKYUNKWAN UNIVERSITY 1398 성균관대학교	1.5~2중	· 학생부종합은 내신+비교과 전공적합성(수능최저 없음) · 학생부교과는 학생부 100% 수능최저학력 적용 · 논술은 논술 100% 수능최저학력 적용 · 1점대 중반까지는 지원하는 경향 · 수능 성적 평균 1등급 초 학생은 미지원	학종〉논술
HANYANG UNIVERSITY 한양 1939	1.5~2중	· 비교과활동 우수하면 학종 지원(수능최저, 면접 없음) · 학생부교과 100%(면접 없음, 2025부터 수능최저 적용) · 논술은 논술시험+학생부 종합평가 10%	학종〉교과〉 논술

*위 예시는 수시전형 이해를 돕기 위해 취재하여 작성한 것으로 고교별/학생별로 다를 수 있음

수시 원서 접수 후 멘탈 부여잡기

재학생의 경우 학교 내신과 수시 원서 지원에 많은 에너지를 쓰게 되므로 정작 수능에 집중하여 공부할 시간이 매우 적습니다. 학생부가 마무리되는 8월, 수시 원서를 접수하는 9월이 지나고 2개월 후인 11월 셋째 주에 수능 시험을 치러야 합니다. 이렇다 보니 수능 공부만을 위한 시간이 턱없이 부족할 수밖에 없습니다. 원서 접수를 끝내고 나면 대학 입시가 마무리된 것처럼 느껴지고, 6곳의 대학 중에 한 곳은 합격할 것이라는 착각에 빠지기 쉽습니다. 번아웃이 오는 아이도 있죠. 이러한 분위기 때문에 수능을 망치는 아이들이 적지 않은 것이 현실입니다.

수시 원서는 1학년 때부터 목표 대학 리스트를 만들어 운영해 오면서 아이의 현실에 맞는 대학 최종 6개로 좁혀왔어야 합니다. 수시 원서 접수에 너무 많은 신경과 에너지를 쓰지 않도록 하는 것도 엄마의 지혜입니다. 수시 원서 접수가 끝나는 순간 수시 원서를 6곳이나 넣었다는 생각은 잊고 '정시로 대학에 간다'고 생각해야 합니다. 고등학교 3학년은 학교에서 수능특강, 수능완성 등 수능 교재로 수업하고, 내신도 수능형으로 출제하는 학교들이 많습니다. 하지만 정시는 수능에만 집중해서 꼬박 1년을 보낸 재수생 및 N수생과의 한판 승부임을 절대로 잊어서는 안 됩니다. 수능은 입시의 마지막 화룡점정입니다. 12월 15일경에 발표되는 수시 결과도 11월 둘째 주에 치르는 수능에 달려있음을 잊지 말아야 합니다.

대학 입시의 마지막 관문 구술면접은 이렇게

11월 수능이 끝나면 비로소 입시에서 해방된 것처럼 느끼지만 아직 한 고비가 더 남아 있습니다. 논술과 구술로 치러지는 대학별 고사입니다. 전형별로 수능 시험 전에 1단계 합격자를 발표하기도 하지만 대부분의 대학은 아이들의 수능 시험에 영향을 최소화 하기 위해 보통 수능 시험이 끝난 이후에 발표합니다. 학생부 중심 전형은 1단계 합격자가 발표되면 면접을 치르게 됩니다. 구술면접은 지원 전형이나 대학별로 유형이 다르고 준비할 시간이 발표 일주일 이내여서 시간이 많지 않은 편입니다.

면접 준비를 위해 전국의 많은 아이들이 대치동으로 몰려듭니다. 각 지역에서는 같은 대학과 같은 계열의 합격생이 너무 적기 때문에 학원의 반 개설이 불가능하기 때문입니다. 논술시험은 파이널이나 정규 프로그램을 들으며 미리 준비했을 가능성이 크지만 구술면접을 미리 준비하는 아이는 많지 않습니다.

1단계에 합격하면 최종 합격에 가까워진 것처럼 느낍니다. 하지만 최근에는 서류 변별력이 크게 떨어졌기 때문에 대학은 1단계에서 결격사유가 없으면 통과시키는 경향이 강합니다. 대학별로 2배수에서 5배수까지도 1단계에 선발합니다. 이 얘기는 면접의 경쟁률도 2대 1에서 5대 1, 6대1까지도 간다는 의미입니다.

대학별 면접 유형(2024학년도)

유형	내용	대학(전형명)
서류 기반	학교생활기록부 내용을 바탕으로 서류 내용 확인, 인성 확인	가톨릭대(잠재능력우수자), 경기대(KGU학생부종합), 광운대(광운참빛인재 I -면접형), 국민대(국민프런티어), 동국대(Do Dream), 서울과기대(학교생활우수자), 서울대(지역균형), 서울여대(바롬인재면접, SW융합인재), 성신여대(학교생활우수자), 숙명여대(숙명인재 면접형), 숭실대(SSU미래인재전형), 인천대(자기추천), 전남대(고교생활우수자 I), 한국외대(학생부종합 면접형) 등
제시문 기반	제시문을 이용하거나 질의 응답을 통한 사고력 측정	고려대(계열적합형/학업우수형), 연세대(활동우수형), 서울대(일반) 등

출처: 대교협 2025 대입정보 119

학교생활기록부 서류 기반 면접은 학원에 가지 않고도 충분히 준비할 수 있습니다. 학교에서 선생님들과 선배들이 모의면접을 도와주거나 가정에서 부모님과 함께 연습할 수도 있습니다. 아이의 학교생활기록부를 꼼꼼하게 읽어보고 질문이 나올 법한 내용을 중심으로 예상 질문을 뽑아서 답변하는 방식으로 연습하는 것으로 충분히 대비가 가능합니다. 서류 기반 면접은 제출 서류에 대한 진위 여부를 확인하는 것이 1차적인 목표입니다. 또한 학생이 활동 과정에서 배우고 느낀 점, 성장하고 변화한 점 등을 통해 학생의 역량을 평가합니다. 대학마다 세부적인 평가요소는 다르지만 전반적으로 학업 역량, 진로 역량, 공동체 역량에 관한 질문을 통해 학생의 역량을 평가하는 경우가 많습니다.

하지만 제시문 기반 면접은 지원자의 학업 역량을 평가하고자 하는 목적이 강합니다. 독해력과 논리적 사고력과 표현능력 평가가 기본이고, 자연계열이나 상경계열의 경우 수학 문제를 풀어야 합니다. 주로 학생부종합전형 중 일반전형에서 제시문 기반 면접을 보게 되는데, 이 학생들의 경우 고등학교 3년간 준비를 해온 만큼 구술면접까지 포함하여 준비하는 것이 필요합니다. 다행인 것은 구술면접 문제는 반드시 고등학교 교육과정 안에서 출제된다는 것입니다. 고려대와 서울대는 학생부 서류와 제시문 기반 면접을 병행해서 실시하기도 하므로 대학별로 면접 안내 자료를 참고해야 합니다.

대학별 구술면접 유형 예시

<table>
<tr><td rowspan="2">제시문 기반
면접</td><td rowspan="2">연세대</td><td>활동우수형</td><td rowspan="2">· 제시문을 바탕으로 대학 수학에 필요한 기본 학업 역량을 평가함
· 도표, 그래프가 포함된 제시문 4개와 2개의 문제로 구성됨
· 국제형의 경우 제시문이 영어로 출제될 수 있음</td></tr>
<tr><td>국제형
(국내고)</td></tr>
<tr><td rowspan="3">제시문 기반
+ 서류 기반
면접</td><td>서울대</td><td>일반전형</td><td>· 지원자 1명을 대상으로 하여 복수의 면접위원이 실시함
· 제출 서류를 참고하여 추가 질문을 할 수 있음
· 면접 및 구술고사는 고등학교 교육과정상의 기본 개념 이해를 토대로 단순 정답이나 단편 지식이 아닌 종합적인 사고력을 평가하는 데 중점을 두고 있음
· 주어진 제시문과 질문을 바탕으로 면접관과 수험생 사이의 자유로운 상호작용을 통해 문제 해결 능력과 논리적이고 창의적인 사고력을 종합적으로 평가함
· 모집단위별로 평가에 활용되는 제시문이 달라지므로 모집단위별 평가 내용을 확인해야 함
· 사회과학대학, 경영대학: 준비시간 30분 내외, 면접시간 15분 내외
· 자연과학대학, 간호대학, 공과대학: 준비시간 45분 내외, 면접시간 15분 내외</td></tr>
<tr><td rowspan="2">고려대</td><td>학업우수형</td><td rowspan="2">· 2인 이상의 면접위원이 전형별 면접평가 방식에 따른 평가 역량을 활용하여 1인의 지원자를 평가
· 학업우수형: 준비시간 12분, 면접시간 6분
· 계열적합형: 준비시간 21분, 면접시간 7분
제시문을 숙독하고 주어진 질문에 답변하는 과정을 통해 지원자의 문제해결력 및 논리적·복합적 사고력 등을 종합적으로 평가, 지원자의 제출 서류 등을 확인하기 위한 질문이 포함될 수 있음</td></tr>
<tr><td>계열적합형</td></tr>
</table>

출처: 대교협 2025 대입정보 119

구술과 논술을 대비하는 핵심 자료 '선행학습영향평가'

구술면접을 대비하기 위해서는 각 대학에서 공개한 선행학습영향평가 자료집을 참고하면 좋습니다. 이 자료는 '대학어디가' 사이트에서 대학명을 검색한 후에 다운로드 받을 수 있습니다. 꼼꼼하게 읽어보면 구술면접의 출제 유형, 출제 과목과 범위 등을 자세하게 안내하고 있으므로 구술면접에 대한 두려움이나 걱정이 줄어들 수 있습니다.

이 자료는 수시 구술면접을 대비하는 데 활용하면 유용합니다. 그러니 고등학교 1학년 때부터 매년 발표되는 선행학습영향평가 자료를 꾸준히 읽어보면 더욱 좋겠죠. 구술면접은 고등학교 교육과정에서 아이들이 배우는 과목 안에서 출제되는 만큼 이 자료집을 미리 읽어본 아이는 출제 과목을 이수하는 과정에서 중요한 개념과 포인트를 알 수 있기 때문에 개념을 심화하는 데 좋은 학습 자료가 될 수 있습니다.

또한 이 자료에 있는 내용은 수업활동이나 비교과활동에까지 연계해서 활용해 볼 수 있는 귀한 자료입니다. 전공연계활동을 위한 탐구 프로젝트 주제를 잡는 데 어려워하는 아이가 많은데, 이 자료는 아이들이 배우는 과목을 심화하여 활동으로 연계하기에 가장

모집요강 다운로드

※ 학과개편 및 정원조정 등으로 인해 변경될 수 있으니 대학의 최종 모집요강을 확인하시기 바랍니다.
※ 대학별 대학입학전형시행계획은 해당연도 1년 10개월 전에 발표 후 제공됩니다.
※ 모집요강은 대학별 홈페이지 발표(수시 5월, 정시 9월 예정) 후 제공됩니다.

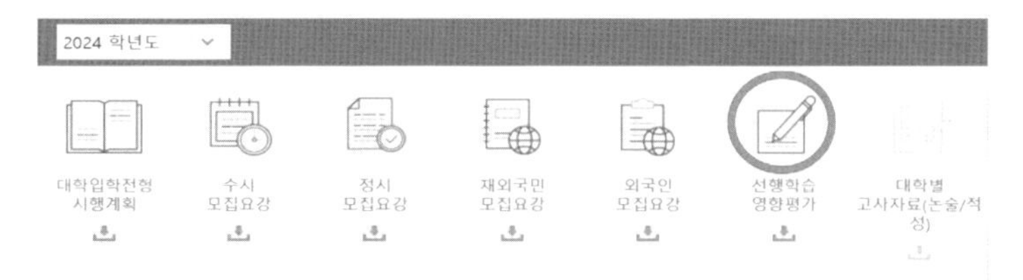

선행학습영향평가자료집 다운로드 방법 예시(출처: 대학어디가)

좋은 자료입니다. 따라서 1학년 때부터 매년 공개되는 대학별 선행학습영향평가 자료집을 다운로드 받아 학교활동이나 탐구활동에 연계할 포인트를 잡는 걸 추천합니다.

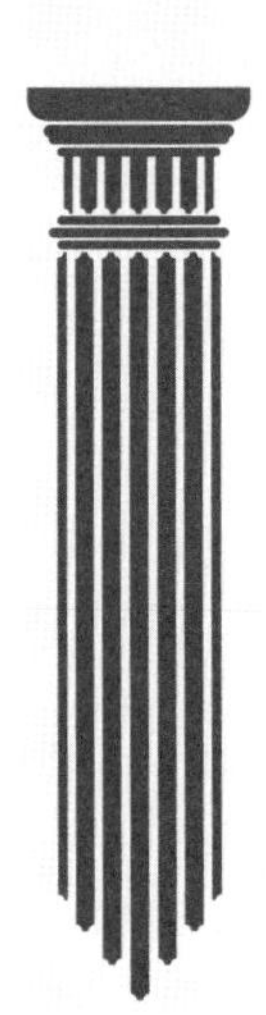

★ ★ ★ ★ ★ —— 슬기로운 입시 정보

서울대학교 구술면접 기출문제 예시(2023학년도)

(가) 기업의 사회적 책임 활동은 기업의 소유주인 주주의 이익을 넘어, 소비자, 노동자, 투자자 및 지역사회 등 다양한 이해관계자의 이익을 도모하는 일이다. 인도 정부는 2013년에 회사법을 개정함으로써 기업의 사회적 책임을 다음과 같이 의무화하였다. 회계연도 순자산이 50억 루피(한화 약 800억 원) 이상이거나 매출 100억 루피(한화 약 1,600억 원) 이상 또는 순이익이 5천만 루피(한화 약 8억 원) 이상인 회사는 직전 3개년도의 평균 순이익의 2% 이상을 기업의 사회

적 책임 활동에 지출해야 한다. 2% 이상 미집행 시 사유를 공시해야 한다.

(나) 온라인 경매 사이트에서 자선단체에 기부하는 프로그램을 도입하였다. 이 사이트의 판매자들은 판매 대금 중 일부를 기부할 때 경매 참가자들이 어떻게 반응하는지에 대한 실험을 진행하였다. 다른 조건은 동일한 상태에서 기부 프로그램의 참여 유무에만 차이를 두어, 판매 가능성과 낙찰 가격에 미치는 영향을 살펴보았다. 기부 프로그램에 배정된 매물은 그렇지 않은 동일한 매물에 비해 판매 가능성이 훨씬 높았고, 판매된 경우에는 평균 낙찰 가격도 높았다.

(다) 시장에서 기업은 경쟁으로 인해 사회적 책임을 소홀히 할 수 있다. 예를 들어, 독점적 지위를 확보한 기업은 사회적 요구에 응하여 다양한 이해관계자의 이익을 도모할 처지가 된다. 반면 생존의 기로에서 경쟁하는 기업들은, 비록 장기적으로 기업의 비용과 위험을 줄이는 행위임을 인지함에도 불구하고, 노동자의 안전과 환경 문제 등에 소홀할 수 있다.

[문제 1] (나)와 (다)를 통해, 사회적 책임 활동을 수행하는 기업의 특정 동기와 상황을 추론할 수 있다. 기업들의 다양한 동기와 상황을 고려하여, (가)의 인도 정부의 회사법 개정이 기업의 사회적 책임 활동과 이윤 창출에 미칠 수 있는 영향에 대해 논하시오.

[문제 2] 사회 문제 해결을 위한 정부와 기업의 바람직한 역할 구분에 대해 설명하고, 그 관점에서 (가)의 회사법 개정에 대해 평가하시오.

활용 모집 단위

인문대학 | 사회과학대학 | 간호대학 | 경영대학 | 농업생명과학대학 농경제사회학부 | 사범대학 교육학과, 국어교육과, 영어교육과, 독어교육과, 불어교육과, 사회교육과, 역사교육과, 지리교육과, 윤리교육과, 체육교육과 | 생활과학대학 소비자아동학부 소비자학 전공, 아동가족학 전공, 의류학과 | 자유전공학부

문항 해설

[문제 1] 제시문 (나)와 (다)는 사회적 책임 활동의 동기나 처한 상황이 기업에 따라 다를 수 있음을 제시함. 이를 통해, 사회적 책임 활동과 이윤 창출의 관계가 일률적이지 않음을 이해하고, 추가로 다른 동기와 상황에 대해 추론하도록 유도하고자 함. 이러한 다

양한 동기와 상황을 고려하여, 인도 정부의 회사법 개정이 기업들에 미치는 효과가 어떻게 달라질 수 있는지 논의하기를 기대함.

[문제 2] 정부와 기업의 역할에 대해 생각해 보고, 외부성, 공공재의 불충분한 공급 등으로 야기된 시장 실패 혹은 사회 문제에 대해 정부와 기업이 어떻게 역할 분담을 하는 것이 바람직한지에 대해 생각해 보도록 유도하고자 함. 이를 통해 제시문 (가)에 제시된 인도의 법 개정에 대해 규범적 판단을 유도함.

출제 의도

[문제 1] 제시문의 내용을 바탕으로, 정책 효과에 관한 판단 능력을 평가함.

[문제 2] 정부와 기업의 바람직한 역할 구분에 대한 생각과 이를 토대로 한 인도 회사법 개정에 관한 평가 능력을 측정함.

교육과정 출제 근거

[개념] 기업의 사회적 책임, 이윤, 정책 효과, 정부와 기업의 역할[출처]

1. 교육부 고시 제2015-74호[별책5] "국어과 교육과정"
2. 교육부 고시 제2018-162호[별책7] "사회과 교육과정"

서울대 구술면접 출제 범위(2023학년도 서울대학교 선행학습영향평가 자료집)

교과	교육과정의 법적 근거 (심의 기준)	과목
국어과	교육부 고시 제2015-74호 [별책5] "국어과 교육과정"	국어, 화법과 작문, 독서, 언어와 매체, 문학, 실용 국어, 심화 국어, 고전 읽기
도덕과	교육부 고시 제2015-74호 [별책6] "도덕과 교육과정"	생활과 윤리, 윤리와 사상, 고전과 윤리
사회과	교육부 고시 제2018-162호 [별책7] "사회과 교육과정"	통합사회, 한국지리, 세계지리, 동아시아사, 세계사, 경제, 정치와 법, 사회 · 문화, 한국사, 여행지리, 사회문제 탐구
영어과	교육부 고시 제2020-255호 [별책14] "영어과 교육과정"	영어, 영어Ⅰ, 영어Ⅱ, 영어 회화, 영어 독해와 작문, 실용 영어
수학과	교육부 고시 제2020-236호 [별책8] "수학과 교육과정"	수학, 수학Ⅰ, 수학Ⅱ, 확률과 통계, 미적분, 기하
과학과	교육부 고시 제2015-74호 [별책9] "과학과 교육과정"	통합과학, 과학탐구실험, 물리학Ⅰ, 물리학Ⅱ, 화학Ⅰ, 화학Ⅱ, 생명과학Ⅰ, 생명과학Ⅱ, 지구과학Ⅰ, 지구과학Ⅱ

출처: 서울대학교 홈페이지 선행학습영향평가 자료집

9장

SEOUL
NATIONAL
UNIVERSITY

엄마가 꼭 알아야 할 입시 사이트

7장

내 아이 학교에 대한 모든 정보 '학교알리미'

우리나라는 초등학교, 중학교, 고등학교에 대한 모든 정보를 학부모가 알 수 있도록 학교가 공개해야 하는 학교 정보 공시제도를 운영하고 있습니다. '학교알리미'는 학교에 대한 모든 정보를 확인할 수 있는 사이트로 학부모라면 꼭 알아야 합니다. 특히 아이가 고등학교 진학을 앞두고 있다면 고등학교 선택 전에 학교알리미 사이트를 통해 지원하고자 하는 학교의 교육과정과 대학진학률, 학사 일정, 평가 계획, 개설반 수, 남녀 비율, 학교 특색 프로그램, 급식 메뉴 등 세부 사항을 모두 확인함으로써 학교별로 비교 분석해 보는 것을 추천합니다.

학교알리미에 올라온 정보 중에서 가장 중요한 것은 학교별 학업 성취도입니다. 학업 성취도는 해당 학교의 학년별 개설 과목, 과목별 평균과 표준편차, 등급별 비율도 알 수 있는데, 이 정보를 통해 학교의 진학 경향과 면학 분위기도 예상해 볼 수 있습니다. 고등학교 선택을 앞두고 있는 중학교 3학년이라면 아이가 지원할 지역의 학교 성취 상황을 비교해 보는 것도 학교를 선택하는 데 도움이 됩니다.

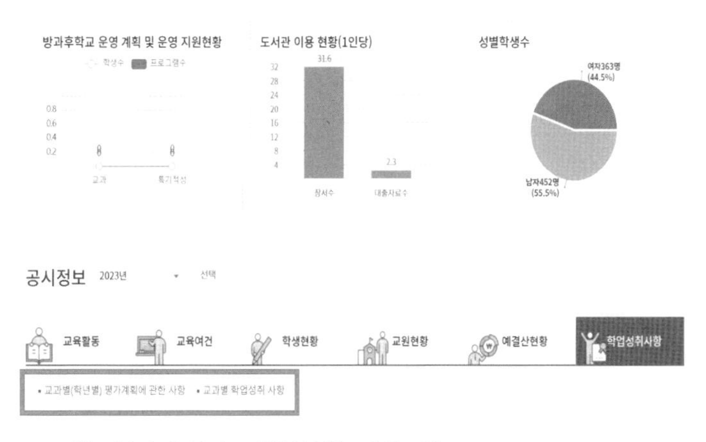

학교알리미 사이트 학업성취도 보는 법(출처: 학교알리미 사이트)

대학에서는 학생이 3년 동안 이수했던 과목, 즉 교육과정으로 학생을 평가합니다. 그래서 고등학교 진학 전에 교육과정을 면밀하게 들여다보는 것이 필수사항인데, 학교알리미를 통해 해당 학교의 학년별 교육과정을 면밀하게 살필 수 있습니다. 학교설명회에 참석하기 전에 학교알리미 자료를 통해 지원하고자 하는 학교에 대한 객관적인 정보를 확인하여 기본적인 사항을 숙지하면 학교에서 진행하는 설명회 내용이 구체적으로 다가올 것입니다. 학교설명회는 해당 학교의 일방적인 홍보 자리인 만큼 여러 고등학교를 비교하는 것이 어려울 수밖에 없습니다. 고등학교 진학 전에는 물론이고, 진학 후에도 학교 홈페이지와 더불어 학교알리미 사이트를 통해 학교 정보를 꼭 확인해 봐야 합니다.

가장 광범위하고 정확한 입시 정보 '대학어디가'

고등학교 학부모라면 '대학어디가(대교협)' 사이트는 반드시 알아야 합니다. 우리나라 모든 대학에 대한 정보를 한눈에 볼 수 있는 곳이기 때문이죠. 이 사이트는 연도별 입시 제도의 변화에 따른 최신 정보, 대학별 모집 요강, 전형별 모집 인원, 계열별 입시 정보, 대학별 합격컷 등 대학 입시에 대한 모든 정보를 모아놓은 곳으로 가장 정확하고 빠르게 입시 정보를 확인할 수 있습니다. 입시에 대한 객관적인 정보는 대학어디가에 모두 공개되어 있기 때문에 이 사이트에 올라온 자료가 가장 신뢰할 수 있는 정보입니다.

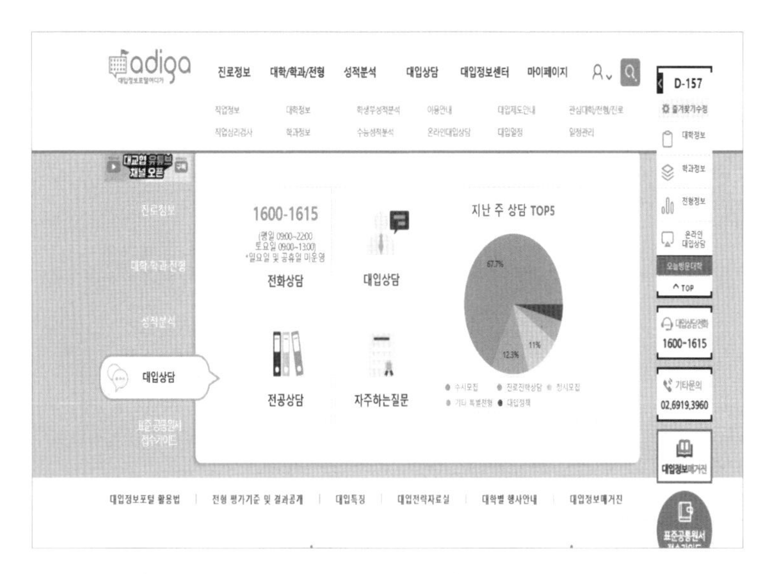

대학어디가에서 제공하는 입시 상담(출처: 대학어디가 사이트)

우리나라 입시에서 가장 중요시하는 것은 공정성입니다. 과거에는 학부모의 입시 정보력으로 아이의 대학 입시 결과가 달라지기도 했지만, 지금은 입시 정보가 부족해서 불이익을 받는 경우는 거의 없다고 봐야 합니다. 다만 공개된 입시 자료를 어떻게 활용하고 해석하여 아이의 입시에 적용하는지가 중요하죠. 이것은 마치 좋은 참고서나 문제집은 너무 많지만 공부를 잘하는 학생은 적은 것과 같은 이치입니다. 입시 정보는 똑같이 주어지지만 그 정보를 어떻게 활용하는지는 노력에 따라 달라질 수 있습니다.

대학어디가 자료실에는 대학별, 계열별, 전형별로 구분하여 읽기 좋게 올려놓은 파일들이 있습니다. 필요한 자료를 다운로드해서 꼭 읽어봐야 합니다. 또한 매년 대입 정보 119라는 자료가 올라오는데, 우리나라 모든 대학의 그해 대학 입시 정보와 변화를 한눈에 확인할 수 있는 소중한 자료입니다.

대학어디가에서는 온라인 입시 상담도 받을 수 있습니다. 이 상담프로그램은 회원가입을 하고 학교 인증을 받은 후 활용할 수 있습니다. 아이의 소속 학교와 성적, 비교과활동 등을 입력하면 지원 가능한 대학과 합격을 위한 솔루션도 제공합니다.

출제자가 알려주는 수능 정보 '한국교육과정평가원'

'한국교육과정평가원'은 수능 문제를 출제하는 기관입니다. 입시에서 수능의 중요성은 너무도 잘 알고 있을 것입니다. 따라서 수능 문제는 어떤 원리로 어떤 유형이 출제되는지 알아두어야 합니다. 시험에는 출제자가 학생에 대해 측정하고자 하는 역량이 존재합니다. 내신 시험은 수업시간에 선생님이 강조한 내용을 출제할 가능성이 높지만, 수능은 한국교육과정평가원이 학생의 어떤 역량을 측정하고 싶은지를 알아야 합니다. 하지만 정작 수능이 어떤 시험인지 연구하지 않는 아이가 많습니다. 수능 출제 기관인 한국교

한국교육과정평가원 수능 수험자료(출처: 한국교육과정평가원 사이트)

육과정평가원에서는 수능자료집을 홈페이지에 게시하고 있습니다. 지금까지의 모든 수능 시험 기출문제와 모의고사 문제도 업로드해 놓았습니다.

뿐만 아니라 수능에 대한 학습 방법 자료, 수능 준비 방법, 예시문학, 과목별 학습법, 수능 시험에 대한 궁금한 점을 알기 쉽게 제작한 Q&A 자료집도 다운로드 받을 수 있습니다. 이것은 출제자가 수능 시험은 이런 시험이고 이렇게 출제하겠다는 의도를 친절하게 안내한 자료입니다. 대학 입시를 준비하는 수험생이라면 반드시 읽어봐야 하는 기본적인 자료라고 할 수 있죠. 고등학교 3학년에 올라가서 보는 것보다 고등학교 1학년 때부터 수능 시험에 대한 출제 원리와 출제 유형을 이해한다면 수능을 준비하는 데 많은 도움이 될 것입니다. 고등학교 진학 전에 선행학습을 진행했다면 교육과정평가원 자료실에 올라온 기출문제를 통해 자신의 실력을 체크해 보는 것도 아주 좋은 학습법입니다.

학생부종합전형 준비의 정석 '서울대 아로리'

'서울대 아로리'는 학생부종합전형을 준비하는 학생들에게 도움을 주기 위해 서울대가 운영하는 사이트입니다. 아로리는 순우리말로 '지인(知人)', 즉 '지식인'이라는 의미를 담고 있다고 합니다. 서울대가 어떤 기준과 어떤 과정으로 어떤 학생을 선발하는지 자세하게 안내하고 있는 사이트가 바로 아로리입니다. 서울대 입학전형과 모집 계획, 전공별로 서울대 합격생들이 후배들에게 전하는 입시 준비 과정이 동영상으로 올라와 있고, 서울대를 목표로 하는 학생들의 고등학교 공부와 생활은 어때야 하는지도 매우 구체

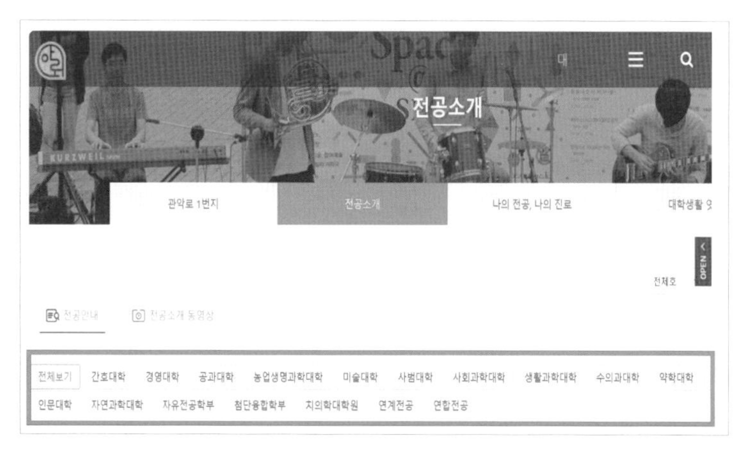

서울대 아로리에서 제공하는 서울대 전공 소개(출처: 서울대 아로리 사이트)

적으로 안내하고 있습니다.

서울대 아로리에는 입학사정관의 관점에서 서류를 평가하는 기준, 서울대 면접 대비 방법과 기출문제 자료집도 업로드되어 있습니다. 서울대는 우리나라 학생부종합전형의 본산인 만큼 서울대 아로리 정보를 기준으로 학생부종합전형을 준비한다면 학생부종합전형을 이해하고 준비하는 데 큰 도움이 되고, 그 외 대학에도 합격 가능성이 높아집니다. 학생부종합전형으로 대학에 가겠다고 생각하는 학생들은 서울대 아로리에 올라온 정보를 통해 입시 준비에 대한 방향을 찾을 수 있을 것입니다.

중학교 3학년부터 고등학교 3학년까지, 4년간 엄마가 할 수 있는 일

입시라는 주제로 펼쳐낼 수 있는 내용은 한 권의 책 속에 담기 어려울 만큼 너무나도 방대합니다. 글을 쓰는 내내 '오직 아이의 입시를 위해 엄마가 해줄 수 있는 것은 무엇일까?' 이 생각을 놓지 말자고 스스로 다짐하며 이어나갔습니다.

전지적 학부모 시점으로 봤을 때 예비 고1부터 고3까지 4년이라는 시간을 그대로 따라가는 것이 맞다고 생각했습니다. 입시를 앞둔 아이에게 엄마의 도움이 가장 절실한 그 4년 동안 너무 많은 일이 일어나고 아이는 완전히 바뀝니다. 단계 단계마다 아이에게 필요한 정보, 아이가 해야 할 것, 엄마가 해줄 수 있는 것을 시간 순으로 담아냈습니다. 엄마는 입시 정보를 잘 아는 것도 중요하지만, 내 아이에게 필요 없는 정보를 하나씩 버려나갈 줄도 알아야 합니다. 그래야 입시의 본질에 다가갈 수 있습니다. 저의 글쓰기 또한 채워나가는 과정이라기보다 후배 엄마들께 꼭 전하고 싶은 정보를 추려내는 과정이었습니다.

입시 정보를 소수의 전문가가 독점하는 시대는 지났습니다. 수년 전에 제가 다니던 신문사에서 학부모 입시 강좌를 기획하여 크게 흥행한 적이 있습니다. 학생부종합전형이 자리 잡으면서 학교 프로그램과 입시 준비 방법이 궁금한 학부모들을 위해 학교 선생님들이 이를 직접 설명하는 강좌였죠. 대학 강당을 꽉 채울 만큼 신청자가 몰렸고 흥행몰이를 했습니다. 그때 연사로 오신 선생님들의 한마디 한마디를 소중하게 적으며 경청하던 학부모님들의 모습을 기억합니다.

그러나 요즘은 이런 오프라인 강좌가 크게 호응받지 못합니다. 모든 입시 정보는 공개되어 있고, 원하는 정보는 누구나 찾아볼 수 있고, 온라인 동영상을 통한 정보도 넘치도록 많기 때문이죠. 저 역시 '입시 읽어주는 엄마'라는 유튜브 채널을 통해 후배 엄마들에게 정보를 제공하고 있습니다. 학부모 모임에 빠지면 정보에서 소외될까 봐 바쁜 와중에도 참석하려고 노력하던 때도 있었지만 지금은 엄마들끼리 나누던 정보도 유튜브 동영상을 통해서 접할 수 있습니다. 이처럼 정보가 넘치는 환경에서는 내 아이에게 필요한 정보를 고르는 눈과 방향이 중요합니다.

물론 이 책의 내용도 어딘가에서 얻을 수 있는 정보일 수 있습니다. 그러나 입시를 먼저 치른 선배 엄마이자 20년 교육 전문 기자로서 입시에 꼭 필요한 내용만을 압축적으로 정리했고, 아이의 입시를 준비하고 치르는 과정에서 엄마가 할 수 있는 일을 정리했습니다. 입시를 무사히 치른 선배 엄마의 조언이라고 생각해 주시면 감사하겠습니다.

아이의 입시가 걱정인 중학교 엄마, 입시의 한가운데 서 있는 고등학교 엄마의 시선과 시간을 따라 입시를 겪어본 엄마만이 해줄 수 있는 살아 있는 조언으로 가득한 책이라 자부합니다. 내 아이가 대학에 갈 때까지 곁에 두고 참고할 수 있는, 때로는 의지가 되는 가이드가 되길 바랍니다.

서울대 엄마들의 내 아이 입시 성공기 Q&A

SEOUL

NATIONAL

UNIVERSITY

서울대 의대 엄마 최주화

Q. 합격한 대학의 학과와 지원 전형은 어떻게 되나요?

A. 수시 일반전형으로 서울대학교 의과대학에 합격했습니다. 고등학교 2학년까지 전 과목 전교 1등이었고 지역균형 대상자였는데, 수능모의고사 성적도 의대에 갈 수 있을 정도라서 과감하게 지역균형전형 티켓을 포기하고 일반전형으로 지원했어요. 그때까지 아이가 다닌 학교에 서울대 일반전형으로 의대에 진학한 사례가 없었기 때문에 수시에서 불합격하면 정시로 간다는 생각으로 공부했습니다.

Q. 출신 고등학교는 어디이고, 어떤 특징을 가진 학교인가요?

A. 분당에 있는 낙생고등학교에 다녔습니다. 학교설명회 때 정시 합격률이 높은 학교라고 설명하면서 특히 수능 공부의 중요성과 공부 방법에 대해 많이 강조하시더라고요. 낙생고는 분당에서도 상위권 중학생들이 많이 가는 학교라서 내신 경쟁이 매우 치열합니다. 면학 분위기가 워낙 좋고, 자율학습은 거의 모든 학생들이 참여할 정도로 열심히 공부하는 학교예요. 그래서인지

입학할 때부터 정시로 간다는 생각으로 오는 아이들이 많습니다. 수시에 대비한 계열별 프로그램도 많아서 학교의 인프라를 잘 활용했던 것 같습니다.

Q. 의대 입시에서 중요한 수학과 과학 공부는 어떻게 했나요?

A. 초등학교 고학년 때 교육청 영재교육원에 다녔습니다. 그때 경험이 과학에 대한 흥미를 키웠던 것 같아요. 호기심이 생기면 책이나 여러 자료를 찾아보면서 지식을 확장해 나가는 성향의 아이라서 혼자 놀이하듯 공부하는 시간이 많았습니다. 6학년 1학기 때 해외 어학연수를 1년간 다녀왔기 때문에 수학과 과학 선행은 거의 하지 않았어요.

6학년 말에 귀국해서 분당으로 이사하고 중학교 수학 선행학습을 시작했는데요. 다른 아이들보다 늦게 시작해서 그런지 열심히 공부하더라고요. 한 학기씩 개념을 철저하게 다지면서 심화과정까지 나갔어요. 과학은 중학교 과학 단원 중에서 물리와 화학에 해당되는 파트를 좀 더 깊이 있게 진행했습니다. 특히 화학에 흥미를 느껴 화학올림피아드를 준비하기도 했어요.

중학교 때는 중등 수학을 개념부터 심화까지 꼼꼼하게 공부하면서 고등 과정 선행학습을 병행했습니다. 고등학교 진학 할 때쯤에는 고등학교 2학년 과정까지 선행이 되어 있었어요. 고2까지는 내신이 중요한 만큼 학기 중에는 학교 수업과 내신을 꼼꼼하게 봐줄 수 있는 수업을 진행했고, 방학 때는 좀 더 난이도 있는 심화문제를 확실하게 잡는 방법으로 공부했습니다.

Q. 고등학교에서 주력했던 것 중 기억에 남는 활동이 있을까요?

A. 다행히 아이가 내신이나 수능 공부를 힘들어 하지 않았어요. 덕분에 아이에게 경쟁할 수 있는 분위기를 만들어주기 위해 교내 대회뿐만 아니라 대학에

서 하는 외부 경시대회에도 도전했죠. 가장 기억에 남는 활동은 연세대에서 진행한 MOU에 참여했던 것인데요. 처음으로 정장을 입고 영어로 된 이슈를 발표했던 것이 아주 좋은 경험이 됐어요. 학교에서 하는 프로그램에도 거의 빠지지 않고 참여했는데, 수학이나 과학뿐만 아니라 여러 과목을 융합한 주제로 프로젝트를 진행했던 것이 학교생활기록부에서 좋은 평가를 받은 것 같습니다.

Q. 아이의 멘탈은 어떻게 관리해 주셨나요?

A. 저는 아이가 어릴 때부터 공부에 대한 스트레스를 주지 않았어요. 그래서 그런지 아이가 공부 스트레스는 없는 편이었어요. 공부를 즐기는 편이라 너무 집중해서 공부할 때는 건강이 걱정되기도 했죠. 특히 장 건강이 안 좋은 편이라 멘탈보다는 건강에 신경을 많이 썼습니다. 종합영양제를 늘 먹이고 시험 기간에는 수액을 맞히기도 했습니다.

Q. 입시를 준비하는 후배 엄마들에게 해주고 싶은 조언이 있다면요?

A. 가장 중요한 건 공부는 편협하게 하면 안 된다는 거예요. 내신이 좋아서 수시에서 원하는 대학에 가려면 각 학교의 최상위 친구들과의 경쟁에서 이겨야 하고, 그 결과는 장담할 수 없어요. 수시는 정량적인 내신만 좋다고 가능한 것도 아니고 수능으로도 가능해야 성공합니다. 마지막 승자는 수능 공부에 최선을 다했을 때 그 진가가 나타납니다.

그리고 엄마의 건강도 챙기셔야 해요. 수험 생활에서 아이가 지치지 않고 건강하게 목표를 달성하려면 무엇보다 부모님과의 소통이 중요한데, 그중에서도 엄마가 건강해야 아이의 말을 들어주고 아이에게 필요한 정보를 알아봐 주고 아이의 건강을 챙길 수 있는 여유가 생깁니다.

마지막으로 좋은 멘토를 만나세요. 수험 생활이 시작되면 정보의 홍수 속에 빠집니다. 그 많은 정보 속에서 옳은 정보를 거르고 가릴 수 있는 건 한계가 있거든요. 좋은 학부모 멘토를 만난다는 건 입시 성공을 위한 지름길이라고 생각합니다.

서울대 공대 엄마 정선임

Q. 합격한 대학의 학과와 지원 전형은 어떻게 되나요?

A. 정시전형으로 서울대 기계항공우주공학과(현재는 기계공학과 항공우주학과로 분리됨)와 순천향 의대에 합격했습니다. 정시 나군에 다른 의대에도 지원했는데, 정시에 내신이 반영되는 전형이라 불합격했어요. 서울대와 의대 사이에서 많은 고민을 했는데, 결과적으로 서울대를 선택했습니다. 서울대 기계공학과를 졸업한 뒤 로스쿨에 진학해서 예비 법조인의 길을 가고 있습니다.

Q. 출신 고등학교는 어디이고, 어떤 특징을 가진 학교인가요?

A. 전국단위 자사고인 외대부고를 졸업했습니다. 아이가 분위기를 잘 타는 성향이라 우수한 아이들이 많은 학교에서 역량을 더 발휘할 수 있을 것 같아서 선택한 학교예요. 전국구 실력자들이 많아 내신을 잘 받기는 어려웠지만, 그 과정에서 아이가 크게 성장했던 것 같아요. 특히 인문계열, 자연계열, 국제계열의 우수한 학생들과 교류하면서 지적으로 크게 성장했습니다.

Q. 공대 입시에서 중요한 수학과 과학 공부는 어떻게 했나요?

A. 초등학교 5~6학년 때부터 중학교 과정을 선행하고 극심화까지 공부했습니다. KMC, KMO 등 수학경시대회에 출전했고, 중학교 2학년 2학기부터 3학년 때는 미국 수학경시대회에도 도전했어요. 고등학교에 진학하기 전에 고등 과정 선행은 미적분과 기하벡터까지 했고요. 특히 중학교 3학년 때 고등학교 1~2학년 과정을 공부하고 나서는 고등학교 모의고사로 실력을 체크했는데, 수학, 국어, 영어 모두 1등급이 나왔습니다. 고등학교 진학 후에는 수능 4점, 경찰대 5점, 서울대와 카이스트 기출문제, 대학 수학, KMO, IMO 문제 등 고등 극심화 문제에 집중했어요. 외대부고 내신 1등급을 목표로 최상위 학생들과 팀수업을 진행했고, 방학 기간에는 하루 10시간 이상 수학 공부에 몰입한 덕분에 목표한 외대부고 수학 내신 1등급을 받을 수 있었습니다.

Q. 고등학교에서 주력했던 것 중 기억에 남는 활동이 있을까요?

A. 수학에 강점이 있는 아이라 수학 관련한 활동을 많이 했어요. 미적분과 기하벡터를 활용한 다양한 연구 프로젝트와 보고서 작성은 물론이고, 화학 과목은 대학교 1학년 과정과 2학년 과정까지도 살펴봤습니다. 그 결과 화학 AP 시험에서 5점을 받았어요. 영어 실력을 키우기 위해 텝스 공부를 꾸준하게 해왔고 고득점을 받았죠. 이런 활동이 대학 진학 이후에도 학과 공부에 큰 도움이 되더라고요.

Q. 아이의 멘탈은 어떻게 관리해 주셨나요?

A. 몸이 약한 편이라 영양과 식사에 신경을 많이 썼어요. 영양제는 늘 먹였고 철마다 보약을 지어주었죠. 기숙사 학교라서 일주일에 한 번 집에 오는 날은

가급적 편하게 쉴 수 있게 해줬고, 시험이 끝나면 그동안 힘들었던 시간을 보상해 주는 느낌으로 쇼핑, 외식, 선물 등 아이가 좋아하는 것을 해주었어요. 그 과정에서 아이와 깊이 있게 대화하면서 부족한 과목이 뭔지, 비교과 활동은 어떻게 할지와 같은 이야기를 나누면서 자연스럽게 교감했습니다.

Q. 입시를 준비하는 후배 엄마들에게 해주고 싶은 조언이 있다면요?

A. 고등학교에서 공부를 잘하려면 엄마는 체계적인 로드맵을 가지고 있어야 해요. 아이의 성향을 파악하고 정기적으로 진로와 적성검사 등을 통해서 구체적으로 직업에 대해 탐색하는 시간을 꼭 가지라는 말도 하고 싶어요. 아이가 하고 싶어 하는 일이 정해지면 목표가 뚜렷해지고 자신에게 맞는 고등학교가 어디인지 찾아보거든요. 입시보다 진로와 직업을 중심으로 탐색하다 보면 세상을 보는 아이의 시야가 넓어지고 시행착오를 겪어도 회복이나 보완이 가능합니다. 무조건 대학을 잘 가는 것, 공부를 잘하는 것에 목표를 두고 대화하면, 특히 사춘기 아이들은 반감을 가질 수도 있어요. 진로를 찾는 과정에서 대학 입시가 굉장히 중요하다는 것을 느끼게 한다면 잔소리 없이 실행력을 높일 수 있지 않을까요?

서울대 경영대 엄마 김영희

Q. 합격한 대학의 학과와 지원 전형은 어떻게 되나요?

A. 수시 일반전형으로 서울대 경영학과에 합격했습니다. 서울대 외에 학생부 종합전형으로 연세대와 고려대, 성균관대까지 동시 합격했어요. 반드시 서울대에 가야겠다는 생각은 없었고, 수시에서 입시를 끝내겠다는 생각으로 전략을 세웠기 때문에 서울대와 고려대, 연세대, 성균관대까지 6장 모두 썼습니다. 수능 가채점 결과 서울대에 갈 성적이 나왔고, 그러다보니 수시에서 납치당할까(?) 걱정을 많이 했는데, 다행히 서울대에 최종 합격할 수 있었습니다.

Q. 출신 고등학교는 어디이고, 어떤 특징을 가진 학교인가요?

A. 분당에 있는 불곡고등학교를 졸업했습니다. 평범한 일반고인데 정시전형보다는 수시전형으로 대학에 많이 진학하는 학교예요. 평준화 지역이다 보니 해마다 중학교 최상위권 학생의 입학 비율이 달라지는데요. 제 아이가 입학

한 해에 불곡고 입학 성적이 너무 좋았기 때문에 최상위권 내신 경쟁이 치열한 편이었습니다. 그해 수시전형으로만 다섯 명이 서울대 경영, 자유전공학부, 의예과 등에 합격했습니다.

Q. 경영학과에 진학하기 위해서 주요 과목 공부는 어떻게 했나요?

A. 내신을 준비할 때 특히 경영학과에서 중요하게 보는 수학과 전공필수과목인 경제과목을 가장 열심히 공부했어요. 초등학교 고학년부터 중학교 1학년까지 해외에 거주했기 때문에 국제학교에 재학했는데, 학교 커리큘럼에 맞춰서 성실하게 공부했습니다. 중학교 진학 전까지 특별히 선행학습은 하지 않았어요. 중학교 2학년 2학기 때부터 한국 학교에 다녔는데요. 선행학습보다는 한국 학교 시스템에 적응하는 데 중점을 두고 공부했습니다. 고등학교 진학 이후에는 수학에 가장 비중을 많이 두고 현행학습을 심화까지 꼼꼼하게 공부했어요. 방학을 이용해 한 학기 정도 선행을 진행했고요. 아이에게 잘 맞는 선생님을 만나 수학 과목에서 방황하지 않고 차분하게 준비할 수 있었던 것 같아요.

Q. 고등학교에서 주력했던 것 중 기억에 남는 활동이 있을까요?

A. 1학년 때부터 경영학과를 목표로 설정하고 다양하게 활동했어요. 경영경제 동아리를 창설해서 리더로 활동하면서 여러 탐구주제를 다뤘죠. 고려대학교 경영캠프에 참여해서 그때 배운 개념을 활용한 제품을 만들어 친구들에게 구매 의사와 보완할 점 등을 설문조사하기도 했어요. 글쓰기 대회, 영어 에세이 쓰기 대회, 디베이트 대회 등 모든 교내 대회에 참여해서 수상했고요. 특히 예술경영 분야에 관심이 많아 우리나라와 외국 작품의 성공 전략

을 비교 분석하기도 했어요. 경영 관련 활동들을 경제교과와 비교과와 연결하여 구체화하고 심화하는 활동을 했던 것이 서류에서 좋은 평가를 받은 것 같습니다.

Q. 아이의 멘탈은 어떻게 관리해 주셨나요?

A. 입시를 체계적으로 준비하기에는 조금 늦은 시기에 한국 학교에 전학을 왔기 때문에 다른 아이들에 비해 부족한 부분이 뭔지, 그 부분을 가장 많이 신경 썼어요. 부족한 과목은 아이와 상의하면서 어떻게 보완해야 할지 대화하면서 함께 방향을 정했고요. 가끔 내신이 안 나와서 불안해하면 지금도 충분히 잘하고 있다고 격려해 주면서 안심시켜 줬죠. 건강관리를 위해서 비타민 같은 영양제도 꾸준히 먹였습니다.

Q. 입시를 준비하는 후배 엄마들에게 해주고 싶은 조언이 있다면요?

A. 아이가 어떤 유형인지 파악하는 게 제일 중요한 것 같아요. 학습 능력을 객관적으로 파악한 뒤에 보완할 부분이 무엇인지 정확하게 인지하는 데 초점을 두면 좋겠습니다. 그리고 불안해하지 않는 게 중요한 것 같아요. 입시를 앞두고 아이는 항상 불안한 마음이 있거든요. 그런데 엄마까지 불안해하면 아이는 더 불안해하고 스트레스를 받아요. 엄마의 가장 큰 역할은 아이를 있는 그대로 받아들이고 강점을 살릴 수 있게 칭찬해 줌으로써 그 불안감을 해소해 주는 것이라고 생각해요.

고등학교 공부는 너무 어렵기 때문에 성향에 따라 아이가 힘들어하는 정도가 다릅니다. 엄마가 원하는 목표 대학을 정하고 아이에게 강요하기보다는 아이가 성취하는 선에서 목표를 계속 수정하면서 아이가 좀 더 성장할 수 있도록 도와주는 게 중요한 것 같아요. 이렇게 안정적인 심리 상태에서 목표 대학과 전공을 제시해 주는 것이 입시를 치르는 엄마의 가장 중요한 역할이라고 생각합니다.

초등 맘을 위한 입시 초석 놓기

SEOUL
NATIONAL
UNIVERSITY

초등학교 때 다져야 할 가장 중요한 마음

학부모가 되면 엄마의 생물학적 나이와 상관없이 엄마도 아이의 나이를 따라가게 됩니다. 아이가 막 초등학교에 입학했을 때 엄마의 긴장도는 가장 높아집니다. 아이가 학교생활에 잘 적응할지, 학업적으로 문제는 없을지 모든 것이 걱정이죠. 그렇게 힘들다는 학부모로서의 시간이 시작되는 셈인데요. 초등학교는 1학년부터 6학년까지 6년 동안, 아이는 정신적, 신체적, 정서적으로 많은 성장을 합니다. 이 시기에 가장 중요한 것은 '공부는 즐거운 것'이라는 경험을 많이 하도록 도와주는 것입니다.

제가 100명이 넘는 공신을 인터뷰하면서 꼭 했던 질문 중의 하나는 초등학교 시기를 어떻게 보냈는지입니다. 예상과 다르게 공신들 대부분은 초등학교 때 공부에서 두각을 나타내지 않았더군요. 공부에 대한 압박을 받지도 않았고요. 엄마가 자신을 있는 그대로 지켜보았다고 하더라고요. 엄마들에게 공부를 잘했으면 하는 욕심이 없었다기보다는 그 욕심을 아이에게 표현하지 않았다는 게 맞는 말일 겁니다.

아이들이 가장 행복한 순간은 언제일까요? 자신이 무엇인가를 잘해서 엄마가 기뻐하는 모습을 볼 때입니다. 아이는 엄마를 행복하게 함으로써 엄마의 사랑을 확인하죠. 엄마를 계속 행복하게 해주었을 때는 자신도 행복하지만, 반대로 엄마를 실망시켰을 때는 자신이 가장 불행하다고 느낍니다. 가장 가까운 사람인 엄마에게 인정받았을 때 아이의 자존감은 올라갑니다. 그래서 초등학교 때는 오직 칭찬하려는 목적으로 아이에게 성공 경험을 많이 만들어 주어야 합니다. 엄마는 아이를 칭찬하고 싶어 안달이 나야 하고 칭찬할 만한 일이나 과제를 주어서 아이 스스로 해결하거나 성취하도록 도와야 합니다. 그리고 그 과정과 결과에 의미를 부여해서 칭찬해 주어야 하고요.

성공 경험을 많이 한 아이들은 자존감이 높습니다. 자존감이란 '내가 왜 이걸 못 해? 나는 할 수 있어!'라는 마음을 가질 줄 아는 것입니다.

공부는 쉽지 않습니다. 그렇기에 가다가 막히기도 하고 떨어지기도 하고 실패하기도 합니다. 이럴 때 자존감이 높은 아이들은 '다시 할 수 있어. 쟤도 하는데 내가 왜 못 해?' 이런 마음을 가집니다. 하지만 자존감이 낮은 아이들은 '내가 이걸 어떻게 해?'라고 생각하기 때문에 실패에 취약하고 난관이 닥쳤을 때 자신이 넘지 못할 벽이라 여겨 쉽사리 포기해 버립니다. 이 자존감의 차이는 고등학교에 올라가면 더 큰 격차로 드러납니다. 꺾이지 않는 마음의 기저에는 자존감이 자리 잡고 있는 것입니다.

이 자존감은 초등학교 때 만들어집니다. 엄마가 아이의 학습을 대하는 태도에서 만들어지죠. 오직 칭찬을 목적으로, '네가 얼마나 잘할 수 있는 아이인지 알려줄게.' 하는 마음으로 아이를 대해야 합니다. 준비 안 된 과도한 선행학습, 경시대회 도전 같은 힘들고 어려운 과정을 무턱대고 시작하면 안 되는 이유입니다. 준비 안 된 과도한 선행학습은 아이에게 성공 경험보다 실패 경험을 더 많이 쌓게 하고 자존감을 계속 떨어뜨립니다. 아이가 공부가 즐거워서 하고 있는지, 아니면 엄마를 실망시키지 않기 위해서 참고 하고 있는지 살펴봐야 합니다. 물론 어려운 공부에 자극받고 그 자체를 즐기는 아이도 있습니다. 그 미묘한 차이는 아마도 엄마가 가장 잘 파악할 테지요.

초등학교 때는 시간적으로 여유도 있고 여러 가지 도전해 볼 것들도 많습니다. 아이에게 '무엇을 시킬까'를 찾기보다 '무엇을 시키지 말아야 할까'를 먼저 생각해 보았으면 합니다. 초등학교 때부터 공부에 과도하게 매달리는 아이의 열정이 고등학교까지 이어지는 경우는 많지 않습니다. 고등학교 공부는 정말 쉽지 않습니다. 엄청난 양의 공부를 주어진 시간 내에 해내야 하고 치열한 경쟁에서 꺾이지 않고 멘탈도 지켜내야 합니다. 이걸 끝까지 해내는 힘이 바로 자기확신이고 자존감입니다. 엄마는 초등학생 아이의 마음속에 이 힘을 만들어주어야 합니다. 그런 힘을 키워주고 다져주는 것. 그것이 초등학교 때 엄마가 할 수 있는 가장 크고 위대한 역할입니다.

초등학교 저학년, 잘 노는 아이가 우등생

초등학교 저학년 때는 학교라는 공동체에 잘 적응하는 것이 가장 중요합니다. 본격적인 사회성의 시작인데요. 그 첫 번째가 바로 결석과 지각을 하지 않는 것입니다. 출결은 학교생활기록부에서 가장 중요하게 표기되는 부분이면서 앞으로 진행될 입시에서도 중요한 의미를 가집니다. 영재교육원 입시나 특목중학교 입시에서도 학교생활기록부 출결란에 무단 지각이나 무단 결석을 의미하는 '미인정'이 있으면 감점 처리가 됩니다. 이는 입시에서 당락을 결정하기도 하기 때문에 출결은 기본적으로 잘 관리해야 합니다.

초등학교 4학년부터 교육청이나 대학 영재교육원 등에 지원할 때도 출결은 매우 중요합니다. 영재교육원 입시를 위해 제출하는 서류는 보통 학교생활기록부와 자기소개서 그리고 창의사고력 면접입니다. 학교생활기록부에 미인정이 있는 학생이 선발되는 경우는 매우 드뭅니다. 특목중 입시에서도 마찬가지입니다. 아이들의 학교생활기록부를 살펴보면 초등학교 1학년 때 미인정이 있는 학생들은 이후 고학년까지도 미인정이 있는 경우가 흔합니다. 지각과 결석도 습관이기 때문이죠.

두 번째는 초등학교 교육과정을 이해하는 것입니다. 초등학교 1~2학년의 교과목은 통합교과입니다. 초등학교 1~2학년은 국어, 수학, 바른생활(도덕, 사회), 슬기로운 생활(과학), 즐거운 생활(음악, 미술, 체육) 등 과목명에 '생활'이라는 단어가 들어갑니다. 생활을 바탕으로 기초 능력 및 기본 생활 습관을 배우는 것이 목표이기 때문에 '생활'과 '학습'이 하나로 통합되어 있습니다. 즉 학습적인 개념을 가르치고 이를 실생활에 적용시키는 것이 아닌, 생활 속 지식을 풀어나가는 방식이죠. 그러니까 초등학교 저학년에게 공부는 생활이고 놀이라고 할 수 있습니다. 호기심을 기반으로 한 탐구 과정이므로 당연히 즐거움이 밑바탕에 깔려 있습니다. 또한 생활 속 궁금증을 바탕으로 풀어나가는 방식이기 때문에 교과와 교과 간 구분이 명확하지 않은 것이 특징입니다. 특정 교과에 대한 인식 없이 지식 그 자체에 대한 궁금증을 풀어나가다 보면 역사, 문학, 사회, 과학, 수학 등의 영역을 넘나들면서 궁금증을 해소하게 되죠.

3학년부터는 이 과목이 사회, 과학 등 분리교과로 바뀌면서 학습 위주의 단계로 넘어갑니다. 이는 사회, 과학 등 영역별로 세분화되어 간다는 의미이고, 이는 중학교를 거쳐 고등학교 때까지 심화되어 갑니다.

읽기, 말하기, 쓰기, 언어력은 엄마의 힘으로

학습 측면에서 초등학교 때 꼭 만들어져 하는 것은 글을 읽어내는 능력입니다. 독해력은 입시에서 가장 기본이 되는 능력이기 때문이죠. 초등학교 저학년 교과서와 도서는 글밥이 매우 적습니다. 따라서 글을 읽을 때 소리 내어 읽음으로써 내용을 명확하게 말하는 습관을 가져야 합니다. 글을 눈으로만 읽을 때와 소리 내어 읽을 때의 효과는 다릅니다. 동화나 동시를 읽을 때, 교과서를 읽을 때, 수학 문제를 풀 때도 소리 내어 읽는 것이 좋습니다. 엄마가 옆에서 대화하듯이 아이와 함께 내용 속으로 들어간다면 더 효과적입니다.

소리 내어 읽기에는 또 다른 효과도 있습니다. 어른들도 그렇지만, 아이들이 유독 어려워하는 것 중의 하나가 작문할 때 '띄어쓰기'입니다. 글을 쓸 때는 헷갈리던 띄어쓰기가 읽을 때는 자연스러워지는 경험을 해보았을 것입니다. 이처럼 소리 내어 읽으면 자연스럽게 띄어 읽기가 훈련되고 아이의 읽는 소리를 들으면서 엄마도 아이의 이해도를 확인할 수 있습니다.

저학년때는 글밥이 많은 글을 읽기보다는 적은 글을 정확하게 읽고 내용을 말해보는 것이 좋습니다. 엄마가 가르치는 느낌이 아닌 친구와 대화하는 느낌으로 질문하면서 자연스럽게 꼬리에 꼬리를 물고 대화를 확장해 나가는 것이 좋습니다. 유아기 때 동화책을 많이 읽어주셨을 텐데요. 초등학교 저학년이 되면 엄마가 읽어주는 것보다 아이가 엄마에게 읽어주는 방식으로 바뀌어야 합니다.

"2학년인데도 저한테 책을 읽어달라고 하는데 어떻게 해야 할까요?"라고 질문하는 엄마들이 있습니다. 이럴 때 "이제 너 혼자 읽어"라고 말하는 것보다 나누어 읽기를 시도하고, 동화책일 경우는 역할을 나누어서 읽어보자고 하면 아이가 재미있어 합니다.

비문학을 읽을 때는 목차나 글 속에 나오는 내용을 질문하면서 아이가 스스로 답을 찾아 말해보는 게 좋습니다. 아이가 답을 찾기 위한 목적을 가지고 읽기 때문에 효과적으로 책을 읽을 수 있죠.

아이의 언어력은 엄마의 역할이 절대적입니다. 언어는 아이의 정서 형성에도 큰 영향을 미칩니다. 초등학교 저학년 때까지는 엄마의 말투나 어휘를 아이가 그대로 답습할 가능성이 높습니다. 글보다는 말로써 언어를 형성하기 때문에 그렇습니다. 학습적인 면과 정서적인 면에 문제가 있는 아이들 대부분은 자신의 생각이나 감정을 언어로 잘 표현하기 힘들어합니다. 말로써 기쁨과 보람, 분노나 짜증 등의 감정을 표현할 줄 아는 아이는 절대 폭력적으로 감정을 표현하지 않습니다. 3~4학년만 되어도 아이는 심리적으로 정서적으로 엄마와 독립하려고 하는 심리가 생겨납니다. 하지만 저학년 때까지는 엄마와의 정서적 결속감이 크고 언어를 바탕으로 엄마와 함께하는 것을 통해 자신이 관심과 사랑을 받는다고 생각합니다.

말하기 훈련에 이어 글쓰기의 기초도 엄마가 만들어줄 수 있습니다. 초등학교 저학년 국어교육의 목표는 문장을 정확하게 쓰기입니다. 즉 많은 양의 글을 쓰지 않아도 된다는 얘기입니다. 이 시기 아이들은 입말 그대로 문장으로 쓰는 것을 편하게 여기는데요. 말이 곧 글이 된다는 경험을 해주기에 좋습니다. 같은 내용의 글을 쓰더라도 저학년은 편지 형식으로 대상을 특정해서 말하는 것을 좋아하고, 그런 글을 잘 씁니다. 또한 물질이 살아있다고 여기는 물활론적 사고를 하는 것이 특징입니다. 그래서 은유법을 가르치지 않아도 자유자재로 의인화하고 비유적인 표현을 쓰기도 합니다. 어른들이 상상도 하지 못하는 놀라운 표현들을 아이들의 글에서 찾아볼 수 있는 것도 이 시기 아이들의 사고적인 특성 때문입니다.

동화책을 읽고 나서 독후감을 쓸 때도 주인공이나 작품 속의 인물에게 전하고 싶은 말을 편지 형식으로 쓰게 했을 때 아이들은 말하듯이 편하게 글을 씁니다. 쓰기 전에 엄마가 "주인공에게 어떤 말을 해주고 싶니?"라고 묻고 말하듯이 쓰게 해주세요. 또 동시로 표현해 보도록 유도해도 어렵지 않게 글을 쓸 수 있습니다. 초등학교 저학년 국어시간 쓰기 활동 중에 편지쓰기와 동시쓰기 방법이 있으므로 이를 활용하면 좋습니다. 이렇게 쓴 글은 아이만의 일기장 혹은 블로그 등에 기록하도록 해보세요. 지식을 체화시키는 데 가장 좋은 글쓰기가 바로 일기쓰기입니다. 일기는 형식이 정해져 있는 글이 아니므로 아이의 학습 기록으로 남겨주면 좋습니다.

수학이나 과학은 글쓰기와 상관없다고 생각하기 쉬운데요. 초등학교 저학년 때 학습의 바탕은 '생활'이고 수학도 개념을 가르치기보다는 실생활 속에서 활용하는 경우가 대부분입니다. 수학 풀이과정을 말로 해보고 글로 써보게 해주세요. 새로 알게된 수학적 지식은 일기의 훌륭한 글감이 됩니다. 일기로 썼을 때 수학이 객관적인 지식을 넘어 나의 지식이 되고 공부의 과정이 됩니다. 그런 의미에서 스토리텔링 수학은 정말 활용하기 좋은 수학 교재입니다. 교과서에 나오는 수학 내용을 바탕으로 스토리텔링 교재와 연계하면 풍성한 수학 이야기거리가 만들어집니다. 초등학교 저학년 때 누구나 하는 연산도 새로운 단원에 들어갈 때마다 일기로 풀어낸다면 수학에 대한 심도 있는 이해와 더불어 수학적인 글쓰기 능력이 향상됩니다. 교과서와 과학동화, 과학지식 백과 등 독서를 통해 배운 과학적 지식도 이러한 방식으로 풀어내 보세요.

초등 저학년 아이들은 지식을 개념으로 받아들이는 것보다 이야기로 받아들이는 것을 좋아하고 즐깁니다. 스토리에 흥미를 느끼고 몰입하면서 감정 이입이 잘되는 만큼 지식을 개념이 아닌 경험으로 받아들일 수 있는 방법이 바로 스토리입니다. 매력적인 이야기와 다채로운 삽화로 수학적 개념을 자연스럽게 받아들이고 문제해결 능력과 논리적 추론력을 키울 수 있습니다. 더 나아가 공부의 기본인 독해력도 향상됩니다.

좋아해야 잘하고 잘해야 좋아한다!

저학년 때는 공부보다 아이의 흥미를 찾아주는 일에 초점을 맞춰야 합니다. 아이가 무엇에 자연스럽게 흥미를 보이는지, 어떤 것에 몰입하는지 관찰하고, 다양한 경험을 할 수 있도록 유도해야 합니다. 학원의 특정한 커리큘럼에 아이를 맞추려고 하기보다는 아이가 좋아하는 것이 중심이 되어야 합니다. 예를 들어볼까요? 유아기부터 초등 저학년 아이들 중에서 '공룡'이나 '세계지도'에 관심과 흥미를 보이는 아이들이 많습니다. 책을 읽을 때 동화책만 고집해서 읽는 아이도 있죠. 그럴 때 엄마는 아이가 너무 하나에만 집중하는 게 아닌가 싶어 아이의 그 '흥미'를 애써 다른 곳으로 돌리려고 하는 경우가 많습니다. "애가 한 가지 종류의 책만 읽으려고 해서 걱정이에요." 이런 고민을 많이 토로하시는데요. 공부는 마음이 한다는 사실을 꼭 기억해야 합니다.

내가 좋아하는 것을 존중받지 못한 아이는 남이 좋아하는 것도 존중하지 않습니다. 존중받은 아이가 남도 존중할 줄 알기 때문입니다. 이런 심리적인 측면이 아니더라도 학습적인 측면에서도 아이의 흥미를 존중하는 것은 매우 중요합니다. 적어도 초등 저학년 때까지는 그렇습니다. 모든 지식은 연결되어 있습니다. 흥미로워하는 부분이 있다면 그 부분에 대해서는 몇 십 분 이상 이야기할 수 있습니다. 흥미가 있기 때문에 잘 알고, 잘 알기 때문에 설명도 잘하는 것이죠. 세계지도를 다 외우고, 공룡 이름을 다 외우고, 공룡이 가진 특성과 서식 지역까지 설명할 만큼 엄청난 괴력을 발휘하기도 합니다. 이렇게 어떤 지식에 대해 자세히 설명할 수 있다는 것은 엄청난 학업 능력입니다. 최소한 그 분야에 대해서는 말하기도 글쓰기도 쉽고 즐거운 일이 됩니다.

이 능력이 충분히 만들어졌을 때 엄마의 역할은 아이의 흥미가 다른 분야로 넘어가도록 자연스럽게 다리를 놓아주는 것입니다. 공룡을 좋아하는 아이가 세계지도를 볼 수 있게 연결해 주면 아이는 자연스럽게 지리 영역으로 넘어갈 수 있습니다. 세계지도를 다 외우는 아이에게는 한 나라의 역사를 연결해 줄 수도 있겠죠. 전래동화나 명작동화만 읽는 아이에게는 신데렐라와 콩쥐팥쥐를 비교하는 등 동서양 작품을 분류하고 분석하거나 동화 속 주인공들의 공통점 등을 찾아보는 활동을 한다면 자연스럽게 심층독서가 가능해지고, 비교하고 대조하며 분석하는 힘이 길러집니다.

문제는 어떤 것에도 흥미를 가지지 못하는 아이입니다. 이런 경우는 엄마가 아이의 흥미에 집중하기보다는 넓고 얕은 지식을 추구하기 때문이 아닌지 되돌아봐야 합니다. 성격과 성향을 분석하는 MBTI처럼 지능과 능력을 판단할 때 많이 쓰이는 다중지능이론이 있습니다. 사람마다 타고난, 혹은 길러진 능력이 있고, 이를 극대화한 후 이 역량을 바탕으로 무지개다리 놓듯 다른 영역으로 넘어가야 한다는 이론입니다. 또 우리나라 교육과정은 학년이 올라갈수록 심화 확장되는 나선형 구조를 지니고 있습니다. 그렇기 때문에 초등학교 때 배운 내용을 중학교 때 세분화해서 깊이 있게 배우고 고등학교 때 더 심화해서 배웁니다. 현재 아이가 배우고 있는 내용은 반드시 중학교와 고등학교에서 만나게 되는 만큼, 외우고 잊어버리는 의미 없는 교육은 지양해야 합니다.

요약하자면 초등학교 저학년 때까지 엄마의 개입이나 지원에 따라 아이의 학습 역량과 태도가 달라질 확률이 높습니다. 아이가 엄마에 대해 가장 많이 기대고 기대하는 시기이기 때문입니다. 학년이 올라갈수록 묘하게 아이와 멀어지는 느낌이 들고, 이런 아이를 보면서 섭섭한 순간도 찾아옵니다. 이는 엄마나 아이의 문제가 아니라 아이가 성장하는 자연스러운 과정입니다. 3학년만 올라가도 아이는 엄마보다 친구와 함께하는 것을 더 즐거워합니다. 정서적 이유기가 시작되는 것이죠. 때문에 엄마가 세상에서 최고라고 생각하는 초등학교 저학년 시기를 놓치면 안 됩니다. 이 시기에 엄마와 함께한 경험이 이후의 정서와 학습 능력을 결정한다는 사실, 잊지 마세요!

초등 중학년 공부 습관이 중고등학교 성적을 결정한다

초등학교 3학년부터는 생활 속 지식을 탐구하면서 본격으로 학습을 시작하는 시기라고 할 수 있습니다. '초등 4학년 성적이 대학을 결정한다'는 말이 있는 것도 이러한 이유 때문이죠. 이때부터는 당연히 암기할 지식도 많아지고 공부를 힘들어하는 아이들이 많아집니다. 초등학교 3~4학년의 교육과정은 지식을 중심으로 개념을 배우고, 이를 바탕으로 생활 속에 적용하는 방식으로 바뀌기 때문에 이 시기부터는 공부 방식도 초등학교 저학년 때와는 달라져야 합니다. 암기를 잘하는 것도 중요하고, 요약하고 노트 필기하는 법도 익혀야 합니다.

새롭게 알게 된 지식을 설명하고 문단 단위로 글을 써보는 습관을 들이도록 지도해야 합니다. 이 시기부터는 교과서나 일반도서 또한 글밥이 많아집니다. 기억해야 할 것은 많이 읽는 것보다 정확하게 읽는 것이 중요하다는 점입니다. 책을 읽어 알게 된 내용은 실제 생활에서 사례를 찾아 적용시키는 훈련도 해야 합니다. 관련한 뉴스와 기사를 찾아보거나 관련 도서 읽기를 통해서 심화하고 확장하는 경험이 필요하죠.

이 시기부터는 배운 지식을 활용하여 연관된 지식을 찾고 글로 정리하여 5분 이내로 간단하게 발표할 수 있는 능력을 길러주기 시작해야 합니다. 이러한 작업이 가능하려면 필수적으로 워드 작업을 해야 합니다. 즉 컴퓨터를 활용하여 간단한 글을 쓰는 연습을 해야 합니다. 이어 파워포인트나 구글슬라이드 등의 프레젠테이션을 위한 작업도 시작해야 합니다. 워드 작업과 프레젠테이션 작업은 아이들이 어른들보다 훨씬 빨리 익히고 재미있어 하기 때문에 이러한 기능을 습득한 아이들은 이 기술을 활용하고 싶어 특정 프로젝트 주제를 탐구하는 것을 즐기는 경향이 강합니다.

컴퓨터 활용 교육을 체계적으로 받는 것도 좋습니다. 별도로 학원을 다니기보다는 학교 방과후 프로그램을 적극 활용하여 배우면 한글과 파워포인트 등 ITQ 자격증을 취득할 수도 있습니다. 컴퓨터 활용 능력을 습득하면 글쓰기나 발표, 수행과제 등을 쉽고 빠르게 할 수 있었습니다. 학교의 수행평가나 과제들이 대부분 손글씨로 쓰기보다는 컴퓨터를 활용하는 경우가 많기 때문에 이 능력을 습득하지 않으면 학년이 올라갈수록 어려움을 겪습니다. 최소한 3~4년은 문서 작성, 편집, 프레젠테이션 기술을 익히는 것이 좋은데요. 조금이라도 시간적 여유가 있을 때 시작해야 합니다.

이 시기에 언어 교육은 어떻게 해야 하는지 궁금해하는 학부모들도 많습니다. 앞서 언급했듯이 초등학교 중학년은 정서적 이유기입니다. 엄마와 조금씩 거리를 두기 시작하고 그만큼 친구와의 관계를 중요하게 생각합니다. 때문에 이 시기에 어떤 친구와 가깝게 지내는지에 따라 학습적인 자극과 정서 형성에 많은 영향을 받습니다. 따라서 이 시기에는 지적으로나 정서적으로 비슷한 친구들과 팀을 이루어 토론 수업을 하는 것도 좋습니다. 친구를 좋아하기 때문에 친구와 함께 어울리면서 지식을 바탕으로 탐구하고 토론하는 과정을 통해 지식을 구조화해 보고 활용하며 말로 표현해 봄으로써 사회성도 기를 수 있으니까요.

초등학교 중학년은 학습적으로나 정서적으로나 과도기입니다. 흥미와 놀이 위주의 활동에 관심을 보이는 저학년의 특성도 가지고 있지만, 사실적 지식을 바탕으로 논리적으로 사고하는 시기이기도 합니다. 그 과도기의 특성을 잘 이해하면 엄마는 아이에게 많은 것을 해줄 수 있습니다. 이 시기의 아이는 지식이 많아졌기 때문에 어떤 내용을 이야기할 때도 근거를 들어 논리적으로 이야기하면 납득을 합니다. 그렇게 말하는 엄마가 멋있다고 생각하기도 하죠. 초등학교 저학년 때는 현실과 판타지의 구분이 모호한 물활론적 사고에서 벗어나지 못한다면, 이때부터는 완전히 현실과 상상을 구분할 수 있게 됩니다.

예를 들어볼까요? 〈단군신화〉를 읽은 초등학교 저학년은 무엇을 기억할까요? 아마도 곰이 쑥과 마늘을 먹고 웅녀로 태어나는 부분을 이야기할 것입니다. 이 시기 대부분의 아이들은 곰이 웅녀로 변하는 판타지를 사실로 믿기도 합니다. 그러나 3~4학년 아이에게 〈단군신화〉에서 기억에 남는 부분이 무엇인지 물어보면 아이는 고조선이라는 나라를 떠올릴 것이고 〈단군신화〉는 고조선이라는 나라의 건국신화라고 이야기할 것입니다. 5~6학년 때는 또 달라집니다. '단군신화는 어떻게 형성되었나?' '쑥과 마늘이 의미하는 것은 무엇일까?' '곰 토템 사상은 어떻게 생겨났나?' 등 비판적이고 논리적인 시각으로 작품을 바라볼 겁니다. 같은 작품을 읽어도 학년에 따라서 이렇게 다른 관점을 보이는 이유는 아이들의 생각과 시각이 시기별 특성에 맞게 성장하기 때문입니다.

다시 초등학교 3~4학년으로 돌아와볼까요? 이때는 역사와 신화의 중간 시기입니다. 판타지를 벗어나 사실적 사고를 하기 시작하는 시기입니다. 역사는 팩트이기 때문에 여기서 배운 모든 내용을 바탕으로 지식을 사실로 받아들입니다. 때문에 이 시기에 역사를 공부하면 매우 효과적입니다. 사실로서의 지식을 받아들이는 것을 즐거워하기 때문이죠. 역사와 관련된 신화도 정말 좋아합니다. 〈그리스로마 신화〉, 〈삼국유사〉처럼 역사와 신화가 버무려진 이야기 속에 풍덩 빠져봐도 좋은 시기입니다.

따라서 교과서 지식을 중심으로 독서를 통해 이를 확장하고 심화해 나가는 경험을 많이 하도록 지도해야 합니다. 교과서에서 어떤 지식을 배우면, 이와 관련된 도서를 읽음으로써 교과 지식을 확장시키는 게 좋습니다. 또한 교과 지식을 실생활과 연계해서 다양한 경험을 쌓는 것도 중요하죠. 학년이 올라갈수록 알아야 할 지식의 양이 늘어나기 때문에 지식을 경험으로 연결하는 것은 쉽지 않습니다. 역사 유적 탐방, 과학 실험, 영어 캠프, 여행 등 학습 관련 이벤트는 주로 3~4학년 때 많이 해봐야 합니다. 이때의 경험이 바탕이 되어 지식을 더 쉽게 배우고 교과와 교과를 연결하는 융합적 사고가 길어집니다. 이러한 경험들은 가능하면 글로 써보는 것이 좋습니다. 지식을 서술하는 게 아닌, 아이가 주인공이 되어 체득하고 체화한 내용을 일기처럼 작성하면 그 경험을 더 오랫동안 기억합니다.

초등학교 국어 교육과정에서 3~4학년 쓰기 교육의 목표는 하나의 문단을 완성하는 것입니다. 하나의 문단을 완성할 수 있다는 것은 학습 능력에 있어서 많은 것을 의미합니다. 문단은 하나의 생각을 담는 단위로서 글쓰기나 독해력의 기초이기 때문입니다. 한 가지 생각을 문단으로 쓸 수 있다는 것은 글로 내용을 전달할 수 있다는 뜻이고, 다른 사람의 글도 쉽게 파악할 수 있다는 뜻입니다. 교과서도 문단 단위로 내용이 구성되어 있다는 것을 알 수 있습니다. 이 시기에 엄마는 아이가 문단을 완성할 수 있도록 도와줌으로써 아이의 언어력 성장을 견인할 수 있습니다.

저학년 때 편지 쓰기, 동시 쓰기 등을 배웠다면 중학년의 글쓰기는 설명글을 기반으로 한 보고서, 기사문 등 사실적인 글, 즉 비문학적 글쓰기가 많습니다. 문단을 형성하기에 알맞은 글쓰기죠.

엄마는 아이가 하나의 문단을 완성할 수 있도록 도와주어야 합니다. 어떻게 하냐고요? 전달하려는 내용을 한 문장으로 말해보게 한 후에 하나의 문장으로 쓰게 하면 됩니다. 이 문장이 '중심 문장'이죠. 그다음에 이어질 문장은 중심 문장을 뒷받침하는 문장으로서 정의, 예시, 인용, 비교 등의 방법을 통해서 설명할 수 있습니다. 이렇게 하나의 문단을 완성하고, 이것이 익숙해지면 두괄식이나 미괄식 등 다양한 방법으로 문단을 변형해 보는 것이죠. 영어 글쓰기도 마찬가지 방법으로 공부할 수 있습니다. 이 시기에는 이것만 완성해도 큰 성과입니다. 학년이 올라갈수록 지식이 쏟아지기 때문에 글쓰기의 재료도 많아집니다. 잘 엮어내는 방법만 터득해도 공부의 큰 기초를 다지는 셈이죠.

배운 것을 내 것으로 만드는 체화 과정은 학습일기로

글쓰기는 어른이나 아이 모두에게 정말 부담스러운 일입니다. 예전에는 거의 모든 초등학교에서 일기를 쓰게 하고 담임 선생님이 검사를 했죠. 최근에는 일기 쓰기를 강요하는 분위기는 많이 없어졌습니다. 숙제로 일기를 쓰게 하는 것은 글쓰기의 자발성을 떨어뜨리는 일입니다. 특히 일기는 내밀하고 사적인 영역이라고 생각하기에 사춘기가 다가오는 아이들에게는 더욱 쓰기 싫은 글입니다. 강제적인 일기 검사의 폐해 중의 하나가 아닐까 싶습니다. '오늘 있었던 일'을 쓰는 일기 말고, 학습 과정을 정리하는 일기를 써 보길 추천합니다.

오늘 배웠던 수학 개념을 일기에 정리하고 개념을 묻는 문제도 일기에 그대로 옮겨 적어도 좋습니다. 더 나아가 이 수학 개념이 실생활에 활용된 사례를 찾아서 적어두면 그 자체가 훌륭한 학습일기이자 학습기록이 됩니다. 과학이나 사회에서 새로 알게 된 사실을 일기에 기록하고 독서와 연계해서 확장한 지식도 일기의 훌륭한 글감입니다. 영어로 문장을 쓰기 시작했다면 영어 일기를 써보는 것도 좋습니다. 긴 내용이 아니어도 한두 문장을 쓰기 시작해서 내용을 조금씩 덧붙여 가는 방식으로 써보도록 지도해 보세요.

학습일기 쓰기가 다른 글쓰기에 비해 효과적인 것은 아이 스스로가 나레이터가 되어 자신의 이야기를 쓰는 형식이라 글 속에서 다룬 내용들이 경험처럼 느껴지기 때문입니다. 자신이 알게 된 내용, 모르는 내용, 적용시켰던 내용 등이 모두 자신의 이야기가 되는 것입니다. 꼭 손글씨가 아니어도 됩니다. 인터넷 다이어리나 블로그도 좋습니다. 그 자체가 아이의 소중한 기록이자 히스토리입니다. 이런 방식으로 학습과 글쓰기를 동시에 잡을 수 있습니다.

지식과 논리가 폭발하는 고학년, 공부하기 가장 좋은 뇌

초등학교 5~6학년 아이들의 특성은 논리적이고 비판적인 사고가 커진다는 점입니다. 사춘기에 접어든 아이들도 있고 이제 막 시작하려는 아이들도 있는 시기죠. 사춘기가 된다는 것은 아이가 자기 정체성을 찾아가는 자연스러운 과정이라는 뜻입니다. 아이의 말대답이 많아지는 이유는 논리적 사고가 향상되었기 때문이죠. 이 시기의 아이들은 어른들의 말이 납득되어야만 수긍하고 받아들입니다. 논리적이라는 것은 주장에 대한 근거가 있다는 것이고, 그 근거는 바로 지식입니다. 비판적 사고는 지식을 주는 대로 받는 것이 아니라, 그 내용이 사실인지 아닌지, 근거가 맞는지 틀리는지, 오류는 없는지 의심의 눈초리로 바라보는 것입니다. 아이러니하게도 아이들의 이러한 성향은 진짜 공부를 하기에 가장 좋은 상태라고 할 수 있습니다. 고분고분 말 잘 듣던 아이가 변한 것 같아 많은 부모님들이 당황하는 시기이기도 하지만요.

그러다보니 초등학교 고학년 아이와 대화하기 힘들어하는 엄마들이 많습니다. 아이는 정체성을 찾아가는 중이지만 엄마는 달라진 아이의 태도가 당황스럽기만 합니다. 이 질풍노도의 시기는 초등 고학년부터 중학교 2학년 정도까지 이어지기도 하는데요. 아이의 발달단계상 반드시 필요한 시기라고 받아들여야 합니다. 가만히 생각해 보세요. 어릴 때 심리 상태 그대로 성장하는 것이 더 이상한 일입니다. 겉으로 드러내는 표현이 거칠 수 있지만, 아이가 알을 깨고 새로운 세상으로 나오기 위한 몸부림이라고 생각하면 엄마가 무엇을 해줄 수 있을지 보입니다.

학습적인 측면에서도 초등 고학년은 공부의 기본기를 완성해야 하는 시기입니다. 이 시기에는 많은 양의 공부를 소화해야 하기 때문에 학습 습관도 잡아주어야 합니다. 자기 정체성을 찾아 헤매는 시기인 만큼 아이가 무엇을 좋아하고 잘하는지 스스로 인지할 수 있게 정기적으로 진로적성검사를 받아보면 좋습니다. 자신이 어떤 일을 하면서 살고 싶은지 탐색해 보게 함으로써 목표와 동기가 분명해지는 효과가 있습니다. 이 시기 아이들에게 "엄마가 봤을 때 너는 이런 성향이라서 이런 분야로 나가면 잘 할 것 같아." 이런 말을 해주면 아이는 그때마다 자기 자신에 대해서 생각해 봅니다. 아이는 언제나 마음속으로 '나는 누구이고 무엇을 잘할 수 있을까?'라고 자기 자신에게 끊임없이 묻고 있기 때문이죠.

사춘기 아이들이 MBTI에 흥미를 갖는 것도 그 때문입니다. '나는 누굴까?'라는 물음에 대해 끊임없이 탐색하고 이에 대한 답을 찾아가는 과정에 엄마도 동참해야 합니다. 엄마가 정해놓은 진로에 아이를 맞추려고 하지 말고, 우선은 아이의 마음을 엄마가 따라가야 합니다. 그렇게 아이가 자신의 정체성에 다가가고 확신이 들었을 때 학습에 대한 동기도 커집니다. '커리어넷' 같은 진로 탐색 사이트에 가입해서 필요한 검사와 테스트를 받아보거나, 그 외 지역의 청소년 수련관에서도 검사를 받아볼 수 있습니다. 이런 과정을 통해서 아이가 공부하고 싶은 분야를 함께 찾아보세요. 물론 그렇다고 해서 아이의 진로가 확정되는 것은 아닙니다. 검사 결과가 매번 다르게 나올 수도 있고, 아이의 성향과 반대로 나올 수도 있습니다. 다른 결과가 나왔다고 해서 당황하거나 검사 결과를 불신할 필요는 없습니다. 엄마와 아이가 함께 진로를 찾는다는 '행위' 그 자체에 큰 의미가 있으니까요.

진로 탐색은 필연적으로 진학 그리고 직업과 연계됩니다. 아이와 진로찾기를 함께해 보면 아이가 원하는 희망 진로를 이루기 위해 어떤 학과에 진학해야 하는지, 그 학과에 진학하기 위해 어떤 공부를 얼마나 해야 하는지 파악하게 됩니다. 그러면 학습 동기가 높아질 수밖에 없죠.

엄마는 아이가 주도적으로 학습하기를 바랍니다. 하지만 엄마가 시켜서 억지로 하는 공부에는 아이의 '학습 주권'이 없습니다. 내가 하고 싶은 진로를 위해 필요한 공부를 찾았을 때 아이는 어떤 공부를 할지 스스로 선택하게 됩니다. 주권이라는 것은 자신이 하고자 하는 것을 스스로 결정하는 것입니다. 학습 주권을 가진 아이는 성장하면서 엄청난 힘을 발휘합니다.

특목중과 자율중 입시가 주는 무게감 경험하기

6학년이 되면 중학교 진학 준비를 체계적으로 해야 합니다. 초등학교와는 다른 중학교 교육과정을 파악하고 초등학교와는 다른 평가 방식도 이해해야 합니다. 초등학생이 경험해 보지 않은 중학교 과정을 실제처럼 이해하는 것은 쉽지 않습니다. 자연스럽게 중학교 과정을 이해하면서 자신의 진로와 직업 그리고 인성을 포함한 학교생활 등을 직간접적으로 접해볼 수 있는 방법의 하나로 국제중학교나 자율중학교 등 특수목적 중학교 입시를 준비해 보는 것도 좋습니다.

특목중학교 입시는 특목고나 자사고 입시와 거의 유사합니다. 자기소개서와 초등학교 학교생활기록부를 기본으로 면접을 통해서 학생을 선발합니다. 특목중학교는 1단계 전산추점으로 2배수를 선발하고, 1단계 합격자를 대상으로 2단계에서 서류와 면접을 통해 최종 선발합니다. 여기서 주목할 것은 1단계가 전산추첨이기 때문에 운이 따라야 한다는 것입니다. 1단계에서 불합격한다고 해서 실력이 없어서 떨어졌다는 생각을 하지 않기 때문에 불합격에 대한 부담도 크지 않습니다.

특목중학교 1단계는 11월에 진행되는데 경쟁률은 보통 15~20 대 1이기 때문에 그야말로 운이 좋아야 합격할 수 있습니다. 하지만 특목중학교 입학을 준비하는 과정에서 아이는 많은 것을 경험하고, 진로에 대해 진지하게 고민하고, 해야 할 공부에 대한 강한 동기를 부여받습니다.

자기소개서는 학교생활기록부의 내용을 기반으로 작성하게 되는데요. 자기소개서에 쓸 글감을 찾다보면 학교생활을 정말 성실하게 해야 한다는 것을 피부로 느끼게 됩니다. 이 과정에서 학교생활기록부에 동아리활동, 자율활동, 봉사활동, 진로활동, 교과활동 등에 관해 어떤 내용이 적히는지 보면서 학교활동을 어떻게 해야 하는지 인식하게 됩니다. 이는 중학교와 고등학교 진학 후에 더욱 중요해집니다.

특목중학교 입시를 위해 써야 하는 자기소개서는 ①진로에 따른 학습 과정 ②중학교 입학 후 학업 계획 및 졸업 후 진로 계획 ③인성 관련 경험 이렇게 3개 영역으로 구성되어 있습니다. 3개 영역을 공백 포함 1,500자로 작성해야 합니다. 자기소개서를 작성하면서 아이는 사회나 학교에서 어떤 인재를 원하는지 알게 되고, 자신의 진로와 적성 그리고 미래 학습 설계도 하게 됩니다. 또한 학교라는 공동체 생활 중에 나눔, 배려, 협력, 리더십 등 인성이 얼마나 중요한지도 배우게 됩니다. 합격 불합격을 떠나서 그 준비 과정에서 정말 많은 것을 배우기 때문에 반드시 경험해 볼 것을 추천합니다. 이 과정을 겪으면서 아이는 학습과 진로에 대해 진지해지고 선발이라는 무게를 느끼면서 한층 성숙해질 것입니다.

특목중학교 자기소개서 양식(예시)-공백 포함 1,500자

• 본인이 스스로 학습 계획을 세우고 학습해 온 과정과 그 과정에서 느꼈던 점, 학교 특성과 연계해 본교에 관심을 갖게 된 동기, 중학교 입학 후 자기주도적으로 본인의 꿈과 끼를 살리기 위한 활동 계획 및 중학교 졸업 후 진로 계획에 관하여 구체적으로 기술하십시오.

• 본인의 인성(배려, 나눔, 협력, 타인 존중, 규칙 준수 등)을 나타낼 수 있는 개인적 경험 및 이를 통해 배우고 느낀 점을 구체적으로 기술하십시오.

영재교육원 입시에 도전해 보기

만약 아이가 수학, 과학, 언어, 예술 등 특정 분야에서 영재성을 보인다면 영재교육원 입시에 도전해 보는 것을 추천합니다. 지역 거점학교에 개설된 영재 학급부터 교육청에서 주관하는 영재교육원, 대학부설 영재교육원 등이 있는데요. 영재교육원 입시 경험은 학교 수업에서는 받기 힘든 경험을 할 수 있을 뿐만 아니라, 준비 과정에서 입시를 처음 경험해 볼 수 있다는 점에서 도전해 볼 만합니다. 초등학교 때는 가능한 다양한 경험을 많이 시켜주면 좋으니까요.

영재교육원에서는 아이가 가진 수학, 과학, 언어적 역량을 기반으로 팀 프로젝트 주제를 잡고 자기주도적으로 문제를 해결하는 공부를 합니다. 특정 개념을 배우고 이해한 후에 문제에 적용하여 개념을 잘 활용하여 문제 푸는 걸 확인하는 것이 일반적이 학습 과정이지만, 영재교육원에서는 주어진 문제 상황 또는 문제 상황을 스스로 찾아내서 거기에 필요한 개념과 자료를 찾아 문제 해결에 적용하는 문제 기반 학습으로 수업이 진행됩니다. 이 과정에서 아는 지식을 동원하거나 여러 자료를 조사하여 자기만의 방식을 고안해서 문제를 해결해 나가는 것이죠. 아이가 학습의 주인이기 때문에 스스로 해결 방법을 찾는 과정을 통해 자기주도성이 길러집니다. 또한 모든 프로젝트는 팀 활동으로 이루어지기 때문에 경청과 협업 등을 통해 인성도 기를 수 있습니다. 영재교육원에서 창의성과 인성을 중요한 평가 요소로 보는 이유입니다.

영재교육원에 불합격했거나 경험이 없다고 해서 아이가 공부에 자질이 없다거나 이후 공부에 문제가 생기는 것은 결코 아닙니다. 현장에서 경험한 바로는 영재성이 뛰어난 학생이 불합격하기도 하고 평범한 학생이 합격하는 경우도 많습니다. 영재교육원을 다녔던 아이가 고등학교 가서 성적이 안 나오는 경우도 흔합니다. 반대로 영재교육원에 불합격했던 아이가 고등학교 가서 전교 1등을 하는 경우도 매우 많습니다. 물론 불합격하면 아이 스스로 영재성이 없나 실망하기도 하고 자존감이 많이 꺾이기도 합니다. 하지만 모든 도전은 의미 있습니다. 실패의 가능성을 포함하고 있죠. 불합격하더라도 선발 과정에서의 경험이 공부의 좋은 바탕이 될 수 있습니다. 때문에 당락에 너무 예민하게 반응하는 것은 정서적으로 좋은 영향을 줄 수 없습니다.

영재교육원의 자기소개서를 보면 우리 아이의 공부 방향이 보입니다. 영재교육원에 제출하는 서류는 학교생활기록부와 자기소개서, 교사 추천서인데요. 이 중에서 자기소개서는 학생의 학습이나 인성 관련 경험을 바탕으로 직접 작성해야 합니다. 자기소개서 작성은 결코 쉽지 않지만 글을 쓰는 과정에서 아이는 많은 것을 배우고 느끼며 성장하게 됩니다.

영재교육원의 자기소개서 문항은 매년 다르게 출제되지만 영재교육원에서 선발하고자 하는 기본 소양과 역량은 공통적입니다. 진로와 적성 그리고 지원 동기는 모든 자기소개서에서 공통으로 묻는 항목입니다. 이어 아이의 영재성, 즉 흥미와 관심, 문제 해결 능력, 창의성, 융합 능력 등 영재교육원의 핵심 능력은 수학이나 과학 모두 언어 해당 과정과 관련한 학습 경험을 통해 파악합니다.

모든 영재교육원의 자기소개서에서 빠지지 않고 나오는 문항은 인성 영역입니다. 영재교육원은 주로 팀 프로젝트 수업으로 진행되는 만큼 리더십, 팔로워십, 협업, 경청, 배려 등 예의 있는 태도가 매우 중요하기 때문입니다. 자기소개서를 작성하는 과정에서 아이들은 이러한 핵심 평가 요소를 파악하게 되고, 학교에서 하는 활동 하나하나에 동기와 의미를 부여합니다. 이러한 경험은 앞으로 계속될 입시 준비 과정이기도 하니, 좋은 경험이 될 것입니다.

영재교육원 자기소개서 예시

• 성균관대 영재교육원(수과학 영재 과정)

1. 본 영재교육원에 지원하게 된 동기, 교육원에서의 활동 의지와 각오 그리고 향후 진로 및 장래 희망에 대해 적으시오. (500자 이내)

2. 지원자가 학교 및 가정에서 지속적으로 관심을 가지고 노력을 기울이는 주요 학업 활동 또는 의미 있다고 생각하는 일상 활동에 대해 적으시오. (500자 이내)

3. 지원자가 참여한 각종 팀 활동에서 리더십과 팔로워십을 발휘하여 성공적인 성과를 얻었던 경험에 대해 구체적으로 적으시오. (리더십과 팔로워십 각 300자 이내)

4. 지원자가 특정 과제 또는 문제 상황 등을 창의적으로 해결한 경험에 대하여 아래의 각 문항에 맞춰 구체적으로 적으시오.

4-1. 당시 본인에게 주어진 특정 과제 또는 문제 상황이 무엇인지 구체적으로 적으시오. (200자 이내)

4-2. 위 특정 과제 또는 문제 상황을 해결하자고 결심한 동기 및 목적에 대해 적으시오. (300자 이내)

4-3. 위 특정 과제 또는 문제 상황을 창의적으로 해결한 과정 및 결과에 대해 구체적으로 적으시오. (500자 이내)

4-4. 본인이 위 문제 해결 과정을 통해 느낀 점은 무엇이었는지 적으시오. (300자 이내)

• 한국외대 영재교육원(영어 영재 과정)

1. 한국외국어대학교 부설 영재교육원에 지원하게 된 동기를 쓰고, 이를 이루기 위해 본인이 어떻게 노력해 왔는지를 구체적으로 서술하시오. (1,000자 내외)

2. 본 영재교육원이 지원자를 선발해야 하는 이유를 '남들과 구별되는 특별한 능력'에 중점을 두어 서술하시오. (1,000자 내외)

3. 지원자의 성(Last name)과 이름을 본인이 직접 바꿀 수 있다면 어떻게 바꿀 것이고, 왜 그렇게 바꾸고 싶은지 예시를 들어 구체적으로 서술하시오. (1,000자 내외)(※현재 성명 언급 금지)

4. 지원자의 10년 후의 모습을 자세하게 묘사하고, 본 영재교육원에서의 학습이 그 모습에 어떤 영향을 끼치게 될 것인지를 예시를 들어 구체적으로 서술하시오. (1,000자 내외)

입시 읽어주는 엄마

1판 1쇄 발행 2024년 5월 20일
1판 3쇄 발행 2024년 6월 28일

지은이 이춘희
발행인 김형준

책임편집 박시현, 허양기
마케팅 김미정
디자인 STUDIO BEAR

발행처 체인지업북스
출판등록 2021년 1월 5일 제2021-000003호
주소 경기도 고양시 덕양구 삼송로 12, 805호
전화 02-6956-8977
팩스 02-6499-8977
이메일 change-up20@naver.com
홈페이지 www.changeuplibro.com

ISBN 979-11-91378-53-5 (13590)

체인지업북스는 내 삶을 변화시키는 책을 펴냅니다.